おはなし
科学・技術シリーズ

ねじのおはなし
改訂版

山本 晃 著

日本規格協会

まえがき

 ねじには多種多様の使われ方がありますが，本命は"締結用ねじ"であるといえるでしょう．締結用ねじは，近代的な機械工業ではねじの専門メーカが共通の規格に従って大量生産し，機械のメーカに安価に供給する方式がとられます．機械製品が輸出又は輸入されて現地で組立てや補修が行われるようになれば，ねじの国際標準化は当然の帰結となります．ISO(国際標準化機構)においても，1947年の設立以来，最優先課題としてねじ規格の国際的統一に取り組んできましたが，切換えの不利を回避しようとする各国の利害が対立したので，"ISOメートルねじ"と"ISOインチねじ"の二本立てのISOねじ規格を制定せざるをえませんでした．

 我が国では，ねじに関するISO規格の制定に呼応して，1964年から1965年にかけてねじに関する日本工業規格（JIS）の全面的な改正を行い，一般に用いるねじは"ISOメートルねじ"に一本化し，従来使用していた"ウイットウォースねじ"は廃止してこれへ切り換えることにしました．日本規格協会の活動もあってこの切換えは成功し，1966年以降に起こった高度経済成長への基礎固めに貢献しました．

 このようにねじの規格が整備されると，締結用ねじの合理的設計が促進されます．もともとメートルねじを使用してきた西ドイツでは，1977年と1986年に"VDI 2230：高強度ねじ結合の体系的計算法"が刊行され，旧来のねじ締結体の設計に飛躍的な進歩をもたらしました．我が国では，1969年に設立された日本ねじ研究協会が，ねじ関係規格原案の作成，ねじ設計と生産技術の研究等に活発な活

動を展開しています．

　本書では，このような歴史的背景の下に整備され充実してきたねじの規格，締付け，緩み，設計のポイント等をなるべく平易に記述しました．平易にとはいえ多少は理論的な面にも立ち入っており，今後の研究に待たなければならないレベルのものも含まれています．それはそれとして，機械の基礎としてのねじを初歩的に把握したい，あるいはもう少し深入りするためのステップとしてねじに関する知識を整理したいと志す方々のために，本書がいささかなりとも役立てば幸せです．

　1990年8月1日

山本　晃

改訂にあたって

　初版における「まえがき」中にも記しましたが，1964年から1965年にかけて行ったJISねじの全面的な改正できめた，一般に用いるねじは"ISOメートルねじ"に一本化するという方針が，2001年に新JISとして制定された"一般用メートルねじ"によって達成される見込みとなりました．本改訂版にこの新JISが紹介されていますので，有効なご利用を願っています．

　2002年12月1日

山本　晃

目　　次

まえがき

改訂にあたって

第1章　ねじとは

ねじの形態 …………………………………………………… 9

ねじの規格 ……………………………………………………11

ねじの使われ方 ………………………………………………16

第2章　ねじの歴史

揚水ポンプ ……………………………………………………20

ねじプレス ……………………………………………………21

締結用ねじ ……………………………………………………22

火縄銃のねじ …………………………………………………24

精密親ねじ ……………………………………………………26

互換性あるねじ ………………………………………………28

ねじの標準化 …………………………………………………30

第3章　ねじ部品

小ねじ類 ………………………………………………………34

　　　小ねじ……34／止めねじ……35／タッピンねじ……37

ボルト …………………………………………………………38

六角ボルト……38／小形六角ボルト……40／六角穴付

　　　きボルト……40／植込みボルト……41

　ナット ……………………………………………………………42

　　　六角ナット……42／小形六角ナット……44／フランジ

　　　付き六角ナット……44

　座金 ………………………………………………………………45

　　　平座金……45／ばね座金……47

第4章　ねじの強度と材料

　鋼製ボルト・ねじ及び植込みボルトの強度 ………………………49

　鋼製ナットの強度 …………………………………………………52

　鋼製止めねじの強度 ………………………………………………54

　ステンレス鋼製ねじ部品の強度 …………………………………55

　ねじ部品用材料の規格 ……………………………………………57

第5章　ねじの締付け

　斜面の原理 …………………………………………………………60

　ねじの締付けトルク ………………………………………………63

　締付け応力 …………………………………………………………65

　　　締付け応力の最大値……65／締付け応力の最小値

　　　……69／締付け応力の平均値……70

　トルク法によるねじの締付け ……………………………………71

第6章　ねじの緩み

ナットが回転しないで生じる緩み …………………………………73

接触部の小さな凹凸のへたり……73／座面部の被締結部材への陥没……74／ガスケットなどのへたり……75／接触部の微動摩耗……75／高温に加熱されること……75

ナットが回転して生じる緩み ………………………………………76

軸回り回転の繰り返し……76／軸直角変位の繰り返し……78／軸方向荷重の増減……80／軸直角衝撃力の繰り返し……82／軸方向衝撃力の繰り返し……83

緩み止めと戻り止め …………………………………………………84

第7章　ねじ設計のポイント

内外力比 ………………………………………………………………89

初期緩み ………………………………………………………………94

外力が作用しても被締結部材同士が離れないねじ締結体の設計 …………………………………………96

疲れ破壊しないねじの設計 …………………………………………100

量記号一覧 ……………………………………………………………105
引用文献 ………………………………………………………………109
索引 ……………………………………………………………………111

第1章　ねじとは

　"ねじ"という言葉には，二つの使われ方があります．一つは個体に加工されたねじ山の部分だけを指す場合で，他はねじ山が加工された個体の全体を指す場合です．前者は，ねじ山の形状とか，ピッチ，直径などねじ部を形成する各要素とその組合せを対象とし，規格上の分類では"ねじ基本"といわれるものです．後者は，ねじ部以外の部分の形状，寸法などを含めて個体を形成する各要素とその組合せを対象とし，規格上の分類では"ねじ部品"といわれるものです．本章では，主として前者の場合について"ねじ"の概念を述べます．

ねじの形態

　円筒又は円すいの表面にコイル状に作られた断面の一様な突起をねじ山といい，ねじ山をもった円筒又は円すい全体をねじといいます．円筒の表面にねじ山をもった図1.1(a),(b)及び(c)のようなねじを平行ねじ，円すいの表面にねじ山をもった同図(d)のようなねじをテーパねじといいます．

　円筒又は円すいの外面にねじ山をもつ図1.1のようなねじをおねじ，円筒又は円すいの内面にねじ山をもつねじをめねじといいます．多くの場合，おねじとめねじは互いにねじ込んでペアとして使用し

ます.めねじを固定し,それにねじ込まれているおねじを右まわり(時計まわり)に回したとき,それが向こうへ進んでいく図1.1(a),(c)及び(d)のようなねじを右ねじ,左まわり(反時計まわり)に回したとき向こうへ進んでいく同図(b)のようなねじを左ねじといいます.

円筒又は円すいの表面に作られたねじ山の数を条数といいます.図1.1(a),(b)及び(d)のねじを一条ねじ,同図(c)のねじを二条ねじ,条数が2以上のねじを多条ねじといいます.

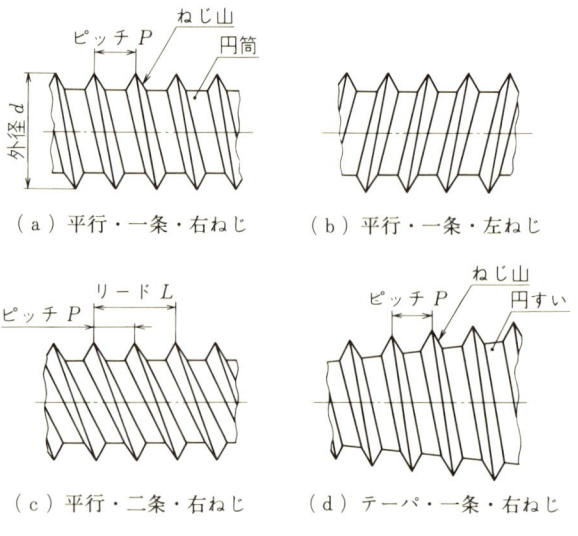

図1.1 ねじの形態

ね じ の 規 格

　ねじ山の形状は，軸線を含んだ断面形で表されます．図 1.2 は，実用されている代表的なねじ山の形状で，(a)は一般用メートルねじ，(b)はメートル台形ねじ，(c)は管用平行ねじ，(d)は管用テーパねじについて定められているものです．

　図 1.2 において，軸線方向に測った互いに隣り合うねじ山間の距離 P をピッチ，おねじの最大の直径 d を外径(メートルねじのように mm 単位による d 寸法でねじの直径を代表させる場合は呼び径)といいます．P 及び d の寸法並びに両者の組合せの数は，実用上必要最小限度に選ばれます．

このように定められているねじ山の形状及び寸法上の約束をねじの基本規格といい，

　　一般用メートルねじ―第1部：基準山形
　　　　　　　　　　（JIS B 0205-1：2001）（ISO 68-1：1998）
　　一般用メートルねじ―第2部：全体系
　　　　　　　　　　（JIS B 0205-2：2001）（ISO 261：1998）
　　一般用メートルねじ―第3部：ねじ部品用に選択したサイズ
　　　　　　　　　　（JIS B 0205-3：2001）（ISO 262：1998）
　　一般用メートルねじ―第4部：基準寸法
　　　　　　　　　　（JIS B 0205-4：2001）（ISO 724：1993）

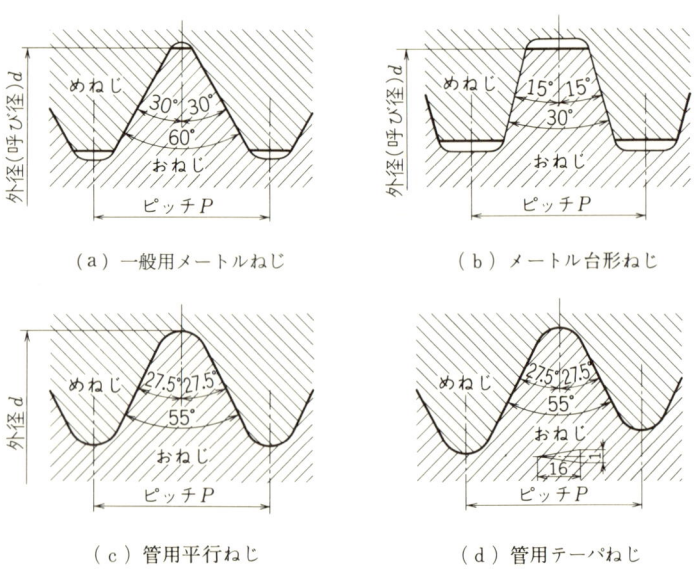

図1.2　ねじ山の形状

一般用メートルねじ—公差—第1部:原則及び基礎データ
　　　　　　　　(JIS B 0209-1:2001) (ISO 965-1:1998)
一般用メートルねじ—公差—第2部:一般用おねじ及びめねじの許容限界寸法—中(はめあい区分)
　　　　　　　　(JIS B 0209-2:2001) (ISO 965-2:1998)
一般用メートルねじ—公差—第3部:構造体用ねじの寸法許容差　　　　(JIS B 0209-3:2001) (ISO 965-3:1998)
一般用メートルねじ—公差—第4部:めっき後に公差位置H又はGにねじ立てをしためねじと組み合わせる溶融亜鉛めっき付きおねじの許容限界寸法
　　　　　　　　(JIS B 0209-4:2001) (ISO 965-4:1998)
一般用メートルねじ—公差—第5部:めっき前に公差位置hの最大寸法をもつ溶融亜鉛めっき付きおねじと組み合わせるめねじの許容限界寸法
　　　　　　　　(JIS B 0209-5:2001) (ISO 965-5:1998)
メートル台形ねじ (JIS B 0216:1987)
管用平行ねじ (JIS B 0202:1999)
管用テーパねじ (JIS B 0203:1999)
などがあります.
　メートルねじの基本規格として従来使われていた,
　　メートル並目ねじ (JIS B 0205:1997)
　　メートル細目ねじ (JIS B 0207:1982)
　　メートル並目ねじの許容限界寸法及び公差
　　　　　　　　　　　　　　　(JIS B 0209:1997)
　　メートル細目ねじの許容限界寸法及び公差
　　　　　　　　　　　　　　　(JIS B 0211:1997)
　　メートルねじ公差方式 (JIS B 0215:1982)

は，2001年に廃止されて，それに代わって前述の一般用メートルねじと題する新規格が制定されました．新規格の内容は，各規格名称等の最後尾に付記されているISO番号のものを和訳したものであり，この新規格で製作したねじ製品は，ISO一般用メートルねじと同じものであるといえます．廃止されたメートルねじ規格と新規格との間には，かなりの相違点がありますが，新規格を真にISOメートルねじとして国際化するためには，この相違点を解消することが必要です．

図1.3は，新規格である一般用メートルねじ—第3部：ねじ部品用に選択したサイズ（JIS B 0205-3）のうち，呼び径 d が3 mmから36 mmまでの範囲のものに着目し，呼び径 d とピッチ P との関係をグラフとして示したものです．規格の表1中第2選択とされている呼び径が，このグラフの横座標の d の値に（ ）がつけられています．また，並目ピッチがこのグラフ上で○印で，細目の2列のピッチが●印と（●）印とで示されています．

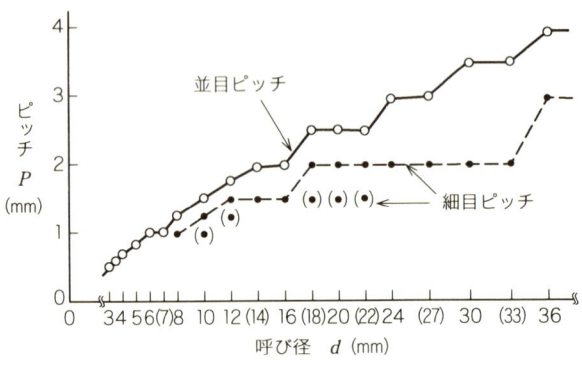

図1.3 ねじ部品用に選択したねじの呼び径とピッチの関係

表1.1 ねじのはめあい区分と公差域クラスとの関係

はめあい区分	めねじ・おねじの別	はめあい長さ S		N		L
精	め ね じ	4 H			5 H	6 H
	お ね じ				**4 h**	
中	め ね じ	**5 H**			6 G	**6 H**	**7 H**
	お ね じ		6 e	6 f	**6 g**	6 h	
粗	め ね じ					7 H	8 H
	お ね じ				8 g		

表1.1は，新規格である一般用メートルねじ―公差―第1部：原則及び基礎データ（JIS B 0209-1）中に記載されている表8及び表9を一つにまとめてわかりやすく書き直したものです．

この表中，はめあい区分というのは，おねじとめねじのはめあいの精粗を表す区分です．

　精：はめあいの変動量が小さいことを必要とする精密ねじ用．
　中：一般用．
　粗：例えば，熱間圧延棒や深い止まり穴にねじ加工をする場合のように，製造上困難が起こり得る場合．

公差域クラスとは，4，5，6，7，8などの数字と，e, f, g, h, G, Hなどのローマ字との組合せからなり，数字は公差グレードすなわち公差の大きさの度合いを表し，小文字のローマ字は，おねじの場合で公差域の上の寸法許容差，大文字のローマ字は，めねじの場合で公差域の下の寸法許容差を表す記号であります．例えば，6gはおねじで公差域の上の寸法許容差がg，公差グレードが6の公差域クラスを表しています．

はめあい長さは，S（短い），N（並）及びL（長い）の記号で表示

されています．

　太線枠で囲んだ公差域クラスは，一般に多用されているおねじ及びめねじ用に選ばれます．

　太い文字の公差域クラスは，第1選択です．

　普通の文字の公差域クラスは，第2選択です．

　表1.1中には見当たりませんが，括弧をつけた公差域クラスは第3選択です．表1.1の表形式では，括弧のついた公差域クラスが表示できないので省略しました．

　めねじ用に推奨される公差域クラスは，いずれもおねじ用に推奨される公差域クラスと組み合わせることができます．しかし，ひっかかりを保証するために，完成品はH/g，H/h又はG/hのはめあい構成にすべきです．また，M1.4以下のねじサイズでは，5H/6h，4H/6h又はより精密な組合せを選んで下さい．

　皮膜を施すねじについては，特に指定がなければ，公差は皮膜を付けるまえの部品に適用します．ただし，皮膜を付けた後の実体のねじ山形状は，どの箇所も公差位置H又はhに対する最大実体寸法を越えてはなりません．

ねじの使われ方

　ねじの使われ方は多種多様ですが，一般的には次のものがあげられます．

- **締結用ねじ**　機械又は構造物の部分と部分，又は本体と部分とを結合するねじで，主として一般用メートルねじが用いられ，小ねじ，六角ボルト，六角ナットなどのねじ部品の形で利用されます．この場合には，締付けによる軸力の発生により強固な結合が見込まれるので，特に締結用ねじといわれます．

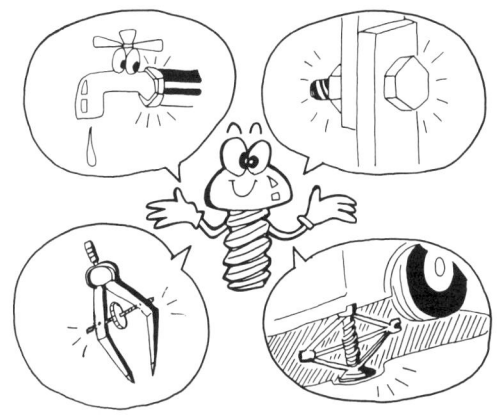

- **管と管，又は機械と管とを継ぐねじ**　液漏れを防ぐため管用テーパねじが用いられます．水道の蛇口のように，締め付けた状態で蛇口端が真下を向かなければならないときは管用平行ねじが用いられますが，この場合はパッキンなどによる漏れ止めが必要です．
- **送りねじ**　機械又は構造物の部分を，本体に対して直線的に移動させるためのねじで，主としてメートル台形ねじが用いられます．工作機械などに用いられるような高い送り精度を必要とする送りねじは親ねじといわれます．
- **微細な位置調節**　例えば，デバイダやコンパスの脚の開きを調節するねじです．
- **微小寸法の拡大指示**　精密測定における寸法の拡大機構として使われる，例えば，マイクロメータスピンドルのねじなどです．
- **大きな力の発生**　例えば，プレスやバイス（万力）のねじがあります．
- **大きな力の発生と位置調節を兼ねる**　例えば，ジャッキや弁開閉

用のねじです．
- **張力の加減**　例えば，ターンバックルのねじがあります．
- **流動体**（粉体，粒体，液体など）**の輸送**　例えば，スクリューコンベヤです．
- **液圧の発生**　例えば，ねじポンプがあげられます．

第 2 章　ねじの歴史

　ある晴れた日に，浜辺で貝掘りをしていた原始人がたまたま尖った巻貝を見つけてそれを葦の棒切れに突き刺し，"回転して"外した——これが人類と"ねじ"との最初のかかわりであったとされています(1987 年 6 月 22 日，ストックホルムで開催された ISO/TC 1 の第 13 回本会議における記念講演"ねじの技術史"の要旨から抜粋)．人類は後に"ねじ"を自ら製作することで，それをさまざまな用途に役立ててきました．現在で

は，ねじを使わない機械はないといわれるほど普及し，締結用ねじの分野でも単なる締結を超える付加価値を備えたいわゆる"特殊ねじ"が続々と考案されています．今後，仮にねじに代わる新技術が出現したにしても，ねじでなければならない使用箇所は永久になくなることはないでしょう．

ねじの歴史を学ぶことは，その生い立ちを知る興味，歴史的発展の延長としてねじの将来像を探ること，及び先人の知恵を現代に生かすいわゆる"温故知新"の糧として役立ちます．

揚 水 ポ ン プ

ねじの形態をした最初のものは，アルキメデス（紀元前287～212年）の揚水ポンプ（図2.1）であるといわれています．木製の心棒の回りに木板を螺旋状に打ち付けたものが傾斜した木製の円筒の中に入っていて，円筒の下端が水に漬かっています．心棒の上端にあるハンドルをぐるぐる回すと，水を低いところから高いところへ揚げることができます．図2.1では筒の側面を開けて内部が見えるようにしています．はじめは灌漑や，船底にたまった水の汲上げなどに使われました．これは，16～17世紀に中国へ伝えられて"竜尾車"と

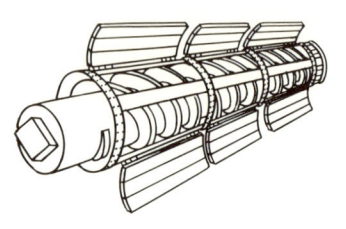

図 2.1 アルキメデスの揚水ポンプ[1]

名付けられ，17世紀半ばには日本にも渡ってきて，佐渡金山の排水用に多数使われ"竜樋"ともいわれました（図2.2）．

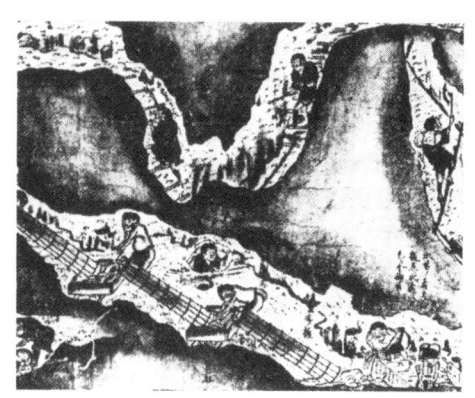

図2.2 佐渡金山の"竜樋"[2]

ねじプレス

　大きな力を発生するために使われた最初のねじプレスは，紀元前100年にオリーブの実をつぶすために作られた図2.3に示すものでした．ねじプレスはまた，葡萄酒作りにも盛んに使われるようになり，古い時代に使われた三角ねじ山の太い木製のねじが地中海の周辺で多数発見されています．

　このねじプレスが，グーテンベルクの印刷機（1450年頃）に利用されて，現在も続いている活字文明の先駆けとなりました（図2.4）．新聞のことを"The Press"というのはその名残りです．

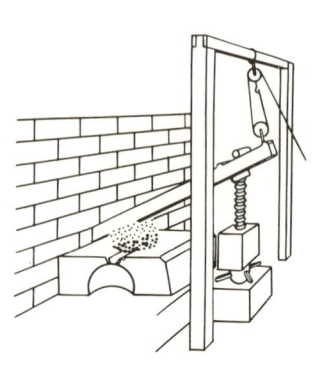 

図 2.3 オリーブの実をつぶすためのねじプレス[3]　**図 2.4** グーテンベルクの印刷機[4]

締結用ねじ

　レオナルド・ダ・ヴィンチ（1452〜1519）が残したノートの中に，タップ・ダイスによるねじ加工の原理（図 2.5）がスケッチされています．このことから予想されるように，金属製のボルト，ナット，小ねじ，木ねじ類は 1500 年前後に出現しました．

　これらの締結用ねじは，馬車や荷車などに使われましたし，フランスのルイ 11 世（1461〜1483）は金属製のねじで組み立てた木製のベットに寝ていました．また，この頃の鎧のあるものは，前方から身体を入れ，胸当てをその上からねじで止めるものでした．

　図 2.6 は，ドイツ人ゲォルク・アグリコラ（1494〜1555）の著書に出ている鞴の製法を示す図の左下の部分ですが，それには，頭部

締結用ねじ   23

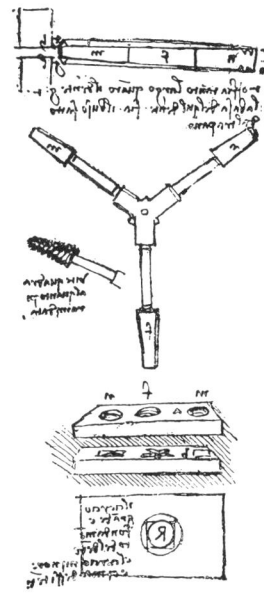

図2.5 レオナルド・ダ・ヴィンチが残したタップ・ダイスのスケッチ[5]

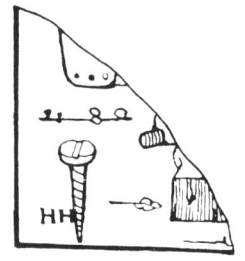

図2.6 アグリコラの著書に出ている木ねじ[6]

にすりわりがあり，ねじ先がとがった木ねじのようなものが描かれています．

1549年に来日したキリスト教の宣教師フランシスコ・ザビエルが，1551年に大内義隆に自鳴機（機械時計）を贈りました．その時計に使われているねじが我が国に伝わった最初の締結用ねじであると推定されます．次節で述べる火縄銃のねじに遅れることわずか6年です．図2.7は，1690年（江戸時代）に出版された"人倫訓蒙図彙"に出ている時計師の図で，後方に見える櫓時計の頂上部にベルを固

図2.7 江戸時代の時計師[7]

定するためのねじがあり，"蕨手（わらびて）"と称する蝶ナットの翼の部分が図示されています．

　我が国には，古くから"ろくろ"と称する回転加工機があって製陶，木工などに使われていましたが，工具を回転軸の方向に機械送りすることはしませんでした．したがって，1860年に幕府が造船用機械に含めてねじ切り旋盤をオランダから輸入するまでは，おねじはすべて鑢（やすり）などによる手作りでした．

火縄銃のねじ

　1543年に，種子島に漂着したポルトガル人が携えていた2挺の小銃を，領主種子島時堯（ときたか）が大金を投じて買い上げました．これが我が国に伝来した最初の火縄銃であり，この伝来銃の銃底をふさぐため

火縄銃のねじ 25

の"尾栓"(図 2.8) 及びそれがねじ込まれる銃底のめねじ (図 2.9) が,日本人が見た最初のねじであるとされています.

時堯は,2 挺のうちの 1 挺を種子島の刀鍛冶八板金兵衛に見本として与え,その模作を命じました.金兵衛は,苦心の末 1 年でこれに成功しました.金兵衛にとって尾栓のおねじの加工は比較的容易

 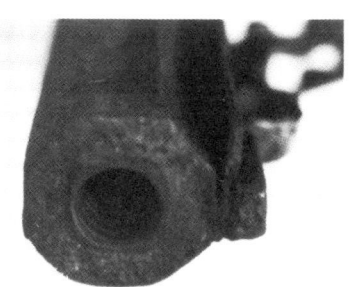

図 2.8　火縄銃の尾栓[8]　　　図 2.9　火縄銃の銃底にある
　　　　　　　　　　　　　　　　　　めねじの開口部[9]

図 2.10　種子島博物館に展示されている伝来銃 (上) と,
　　　　八板金兵衛製作と伝えられる国産火縄銃 (下)[10]

であり，例えば糸をコイル状に巻き付けて，その線に沿ってやすりで切り込んでいくといった方法が考えられます．しかし，金属加工用工具として"やすり"と"たがね"しかなかった当時の刀鍛冶の技術からすれば，銃底めねじの加工は難題でした．種々の苦心があった末，尾栓のおねじを雄型として熱間鍛造法で製作したのではないかと推定されます．

伝来銃の銃底に加工されためねじは，時期的に見てタップを用いて加工されたものであることは，ほぼ間違いありません．

金兵衛が製作した国産第1号（と伝えられる）の銃は，伝来銃（これは本物）と並んで西之表市の種子島博物館に展示されています（図2.10）．

精 密 親 ね じ

レオナルド・ダ・ヴィンチはまた，図2.11に示すねじ切り旋盤のスケッチをノートに残しています．2本の親ねじ，スライドレストと換え歯車まで用意した近代的な構想のものです．一方，フランスの数学者ジャック・ベッソン（1500～1569）は，図2.12に示すような独特なねじ切り旋盤の絵を残しています．図において，作業者がプーリに巻かれた紐を引っ張ることによって親ねじが回転します．左側に見えるテーパ状のものが工作物で，プーリの直径を変えることによって，切られるねじのピッチを変えることができます．これらのねじ切り旋盤の構想は，構想としては優れていても，たとえ製作しても木製である限りうまく作動しなかったのではないかと思われます．

全金属製のねじ切り旋盤を製作したのは，イギリスのヘンリー・モーズレイ（1771～1831）で，ロンドンの科学博物館に，モーズレ

精密親ねじ　　　　　　　　　　27

イが製作した最初のねじ切り旋盤 (1800年) の模型 (図 2.13) が展示されています．

モーズレイは，まず刃物を支持するテーブルの移動を真直に保つ

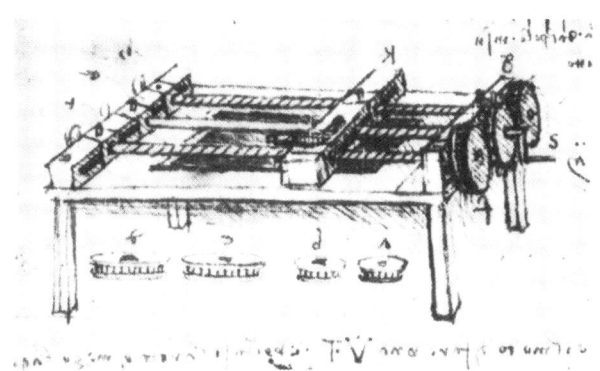

図 2.11　レオナルド・ダ・ヴィンチが残した
　　　　　ねじ切り旋盤のスケッチ[11]

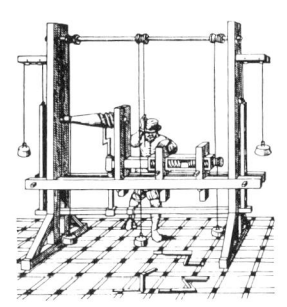

図 2.12　ジャック・ベッソンが残した
　　　　　ねじ切り旋盤の絵[12]

ためスライドレストの真直度の重要さを高く評価するとともに，精度の高いねじを加工するためには，まずピッチ精度の高い親ねじを得る必要があることに着目しました．そこで，1本の親ねじについて，ピッチを測定しては手作業で誤差を修正し，10年がかりでこれまでにない高い精度と長さをもったものを作り上げました．彼はこれを取り付けた旋盤を使用して，第2，第3の親ねじを，容易にかつ精度高く作ることに成功しました．

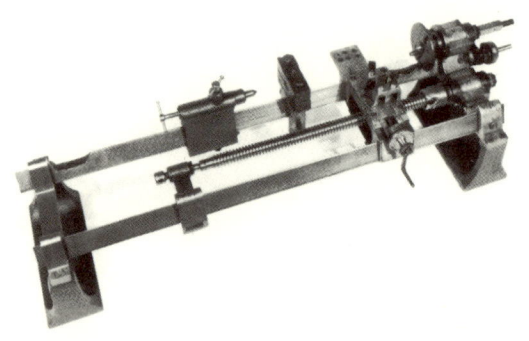

図 2.13 ロンドンの科学博物館にあるモーズレイの
ねじ切り旋盤の模型[13]

互換性あるねじ

往時は，ボルトとナットを使わないときは，必ずねじ込んでおくか合印を付けておく必要がありました．ボルトとナットをばらばらにしておいたのでは，ねじ込み可能な相手を見いだすことがほとんど不可能であったからです．モーズレイが精密ねじの機械加工を可能にしたおかげで，別々に作ったボルトとナットのどれを組み合わ

互換性あるねじ 29

せてもねじ込みが可能になり，いわゆるねじの互換性が期待できるようになりました．

イギリスの産業革命が進むにつれて，爆発的に拡大した機械工業は多数のボルト・ナット類を必要としました．これらのねじ類ははじめのうちは個々の機械メーカが自製していましたが，やがてねじ専門のメーカがまとめて製作するようになりました．しかし，多数の機械メーカが勝手な直径，勝手なピッチのものを注文していたのでは，ねじの種類が莫大な数となり，まとめて製作する利点がほとんど生かされないことになります．

モーズレイの弟子であり，モーズレイに引き続いてねじ切り旋盤の改良に従事していたサー・ジョセフ・ウイットウォース(1803～1887，図2.14)は，当時の多数のメーカによって製作されていたねじを調査し，ねじ山の形状，直径(外径)，ピッチ及びその組合せについて一つの成案を得ました．彼はこの"ウイットウォースねじ"と称するねじの形式を1841年に発表し，精力的な普及運動を

図2.14 サー・ジョセフ・ウイットウォース[14]

行いました．

　数年を出でずして，"ウイットウォースねじ"はイギリスの全機械工場に受け入れられ，やがてこのねじで組み立てられたイギリスの機械類が全世界に輸出され始めました．

ねじの標準化

　1882年及び1885年に"ウイットウォースねじ"［図2.15（a）］がイギリス規格として正式に採用されました．

　1864年，アメリカの機械技師ウィリアム・セラーズ（1824～1905）は，ウイットウォースねじを改良した新しいねじの形式"セラーズねじ"［図2.15（b）］をフランクリン学会に発表しました．これは，1868年に"アメリカねじ"と称するアメリカ規格として正式に採用されました．

　フランスが法律によってメートル法を採用したのは，1799年です．1894年に，直径（外径）とピッチをミリメートルの単純数で定めた"SFねじ"がフランスにおいて制定されました．このねじは，1898年にフランス，スイス及びドイツの代表がチューリヒで会合して定めた"SIねじ"［図2.15（c）］となり，国際性をもちました．

　1940年，ISA（万国規格統一協会）は，チェコスロバキア，デンマーク，ドイツ，フランス，イタリア，オランダ，ノルウェー，スイス，ソ連，フィンランド及びスウェーデンの同意を得て，メートルねじの全系列を整理し，"ISAメートルねじ"を制定しました．

　軍需品のねじの互換性を図る目的で，1943年以来，アメリカ，イギリス及びカナダの3国の間で共通のねじの規格をもつための協議が進められていましたが，1945年にようやく結論を得て，1948年に"ユニファイねじ"［図2.15（d）］に関する協定に調印しました．後

ねじの標準化

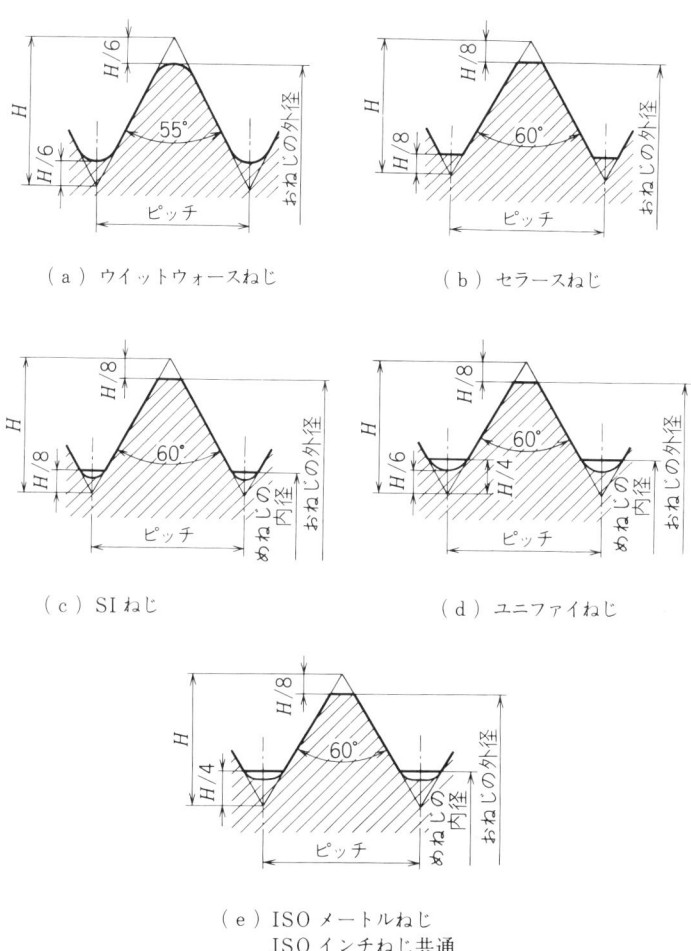

図 2.15 標準化された各種ねじ山の形状

にこのねじ規格は，軍需品だけでなく一般民需品にも対象が拡大されました．

1947年に設立されたISO（国際標準化機構）は，"国際的に互換性あるねじ系列の確立"を目指して，数あるTC（専門委員会）の第1号としてISO/TC 1（ねじ）を設置しました．1957年にリスボンで開かれたISO/TC 1の第4回の本会議において，"ISAメートルねじ"に準拠する"ISOメートルねじ"と，アメリカ，イギリス及びカナダが推奨する"ユニファイねじ"を"ISOインチねじ"として採用することを決議しました．両者は寸法的には異なりますが，ねじ山の形状は図2.15（e）のものが共通に適用されます．

我が国では，1949年に施行された工業標準化法（JIS制度）に従って，工業標準調査会（JISC）がねじ規格を制定することになっていますが，1964年から1965年にかけてねじに関する日本工業規格（JIS）が一斉に改正されました．この改正で，一般に用いるねじとしては"ISOメートルねじ"と同じものを，航空機その他特に必要な場合に"ユニファイねじ"を用いることと定められました．

第3章 ねじ部品

　小ねじ類,ボルト,ナットなどのように,ねじ山をもった機械部品を"ねじ部品"といいます.多くの場合,締結用部品として用いられますが,必ずしも締結を目的とするものばかりではありません.また,座金,割りピンなどのように,ねじ山をもたないがねじ部品とともに使われる機械部品を"ねじ付属品"といいます.

　ねじ部品には,ねじ部をはじめ各部の寸法精度に応じ,A,B,Cなどの"部品等級"があります.JISの
　　ねじ部品の公差方式(JIS B 1021:1985)
から抜粋した部品等級の精度水準を表3.1に示します.

表3.1　鋼製ねじ部品に対する部品等級とその精度水準

部品等級	公差の水準		ねじの等級		適用する部品
	軸部・座面	その他の部分	めねじ	おねじ	
A	精	精	6H	6g[1]	一般用ねじ部品
B	精	粗	6H	6g	
C	粗	粗	7H	8g	

注[1]　強度区分45Hの六角穴付き止めねじには,5g 6gを適用する.

小 ね じ 類

　小ねじ，止めねじ，タッピンねじを一括して，便宜上"小ねじ類"ということにします．

●小 ね じ

　直径がねじ部外径の約2倍である頭部をもち，締付けの際，原則として"ねじ回し"を用いて，頭部頂面のすりわり又は十字穴にトルクを加えることを特徴とするねじ部品で，JISには，

　　すりわり付き小ねじ（JIS B 1101：1996）
　　十字穴付き小ねじ（JIS B 1111：1996）
があります．
　頭部形状により，"チーズ小ねじ"，"なべ小ねじ"，"皿小ねじ"，"丸皿小ねじ"の種類があります．図3.1(a)に"すりわり付き皿小

ねじ"を，同図(b)に"十字穴付きなべ小ねじ"を例示します．

鋼製小ねじに対する部品等級，強度区分，ねじの等級及びねじの呼びの範囲を表3.2に示します．

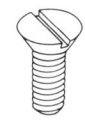

(a) すりわり付き皿小ねじ　　(b) 十字穴付きなべ小ねじ

図3.1　小　ね　じ

表3.2　鋼製小ねじに対する部品等級，強度区分，ねじの等級及びねじの呼びの範囲

小ねじの種類	頭の形	部品等級	強度区分	ねじの等級	ねじの呼びの範囲
すりわり付き小ねじ	チーズ	A	4.8, 5.8, 8.8	6g	M 3.5～M 10
	な　べ				
	皿				M 1.6～M 10
	丸　皿				
十字穴付き小ねじ	な　べ	A	4.8, 8.8	6g	M 1.6～M 10
	皿				
	丸　皿				

● 止 め ね じ

例えば，歯車のボスに加工しためねじにねじ込み，軸の表面を突っ張るようにして歯車を軸上に固定するために用いられる頭部がないか，あっても二面幅がねじの外径程度に小さいねじのことです．固定力は弱いが，簡便であり，軸上の任意の位置に固定できるという特徴があります．固定位置が決まっていれば，軸上のその位置に

ねじ先の形状に合ったくぼみを加工しておくことで固定力を高めることができます．JISには，

　すりわり付き止めねじ（JIS B 1117：1995）
　四角止めねじ（JIS B 1118：1995）
　六角穴付き止めねじ（JIS B 1177：1997）

があります．

（a）四角止めねじ　　（b）六角穴付き止めねじ

図3.2　止 め ね じ

表3.3　鋼製止めねじに対する部品等級，強度区分，ねじの等級及びねじの呼びの範囲

止めねじの種類	部品等級	強度区分	ねじの等級	ねじ先の形状：ねじの呼びの範囲
すりわり付き止めねじ	A	M 1.6 以上に適用 14 H, 22 H	6 g	平先，とがり先，丸先：M 1～M 12
		浸炭焼入れ焼戻し 45 H		棒先，くぼみ先：M 1.6～M 12
四角止めねじ	A	14 H, 22 H	6 g	平先，とがり先，棒先，くぼみ先，丸先：M 4～M 12
		浸炭焼入れ焼戻し 45 H		
六角穴付き止めねじ	A	45 H	5 g 6 g	平先，とがり先，棒先，くぼみ先：M 1.6～M 24
				丸先：M 3～M 24

ねじ先の形状としては,一般に平先が使われますが,必要に応じてとがり先,棒先,くぼみ先などが選ばれます.図3.2(a)に"四角止めねじ",同図(b)に"六角穴付き止めねじ"を例示します.また,鋼製止めねじに対する部品等級,強度区分,ねじの等級及びねじの呼びの範囲を表3.3に示します.

●タッピンねじ

機械構造部(一般に薄板)に,きり又は打抜きによる下穴を加工しておき,それにねじ込むことで自らめねじを加工しながら締付けを行うねじのことです.ねじ締結部の工数低減を目的とするほか,おねじ・めねじ間に遊びがないので緩みにくいという特徴があります.JISには,

　　すりわり付きタッピンねじ(JIS B 1115:1996)
　　十字穴付きタッピンねじ(JIS B 1122:1996)
　　六角タッピンねじ(JIS B 1123:1996)
などがあります.

すりわり付きタッピンねじ及び十字穴付きタッピンねじには,小ねじと同様,頭部形状により"なべ","皿","丸皿"の種類があります.六角タッピンねじは,六角形の頭部をもち,頭部の成形上必要なくぼみが頂面にあります.

タッピンねじのねじ部については,JISに

　　タッピンねじのねじ部の形状・寸法(JIS B 1007:1987)

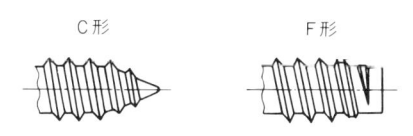

図3.3 タッピンねじのねじ部

があり，ねじ先の形状として C 形と F 形の 2 種類が規定されています（図 3.3）．

タッピンねじの部品等級は，ねじ部を除き表 3.1 の A です．

鋼製タッピンねじの場合は，被締付け物である鋼板に自らめねじを加工する必要上，冷間加工後に浸炭焼入れ焼戻しが施されます．

ボ ル ト

締付けの際，原則としてスパナ，レンチなどを用いてトルクを加えることを特徴とします．トルクは，ボルトの頭部に加えることもありますが，多くの場合ねじ部にはめ合わしたナットに加えます．

●六角ボルト
二面幅がねじ部外径の約 1.5 倍なる六角柱形の頭部をもつ図 3.4 に示すようなボルトで，JIS に，

六角ボルト（JIS B 1180：1994，追補1：2001）があります．追補とは，JISの中の一部を改正したり，追加規定又は削除するために規格の全体を改正する場合と同じ手順を経て発行されるものです（国際規格に準ずる）．

円筒部（ねじを加工していない部分）の直径が呼び径（ねじ部の外径の基準寸法）にほぼ等しい"呼び径ボルト"と，円筒部の直径が有効径（ねじ山の幅がねじ溝の幅に等しい仮想的な円筒の直径）にほぼ等しい"有効径ボルト"，及び軸部のほとんど全長がねじ部か

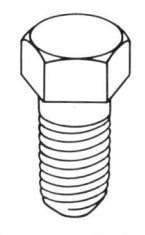

図3.4 六角ボルト

表3.4 鋼製六角ボルトに対する部品等級，強度区分，ねじの等級及びねじの呼びの範囲

ボルトの種類	部品等級	強度区分	ねじの等級	ねじの呼びの範囲
呼び径六角ボルト	A	8.8	6 g	M 3〜M 24[1]
	B			M 5〜M 36
	C	4.6, 4.8	8 g	M 5〜M 36
有効径六角ボルト	B	5.8, 8.8	6 g	M 5〜M 20
全ねじ六角ボルト	A	8.8	6 g	M 3〜M 24[1]
	B			M 5〜M 36
	C	4.6, 4.8	8 g	M 5〜M 36

注[1]　M 5〜M 24 のもので，呼び長さ(l)が，ねじの呼び径の10倍又は150 mm のいずれかを超えるものは，部品等級Bによる．

らなる"全ねじボルト"の3種類があります．

鋼製六角ボルトに対する部品等級，強度区分，ねじの等級及びねじの呼びの範囲を表3.4に示します．

●小形六角ボルト

六角頭の二面幅が，並形のものよりも一段階小さい六角ボルトで，ねじの呼び径の範囲は8～39 mm，ピッチはメートル並目ねじと小ねじ類，ボルト及びナット用メートル細目ねじの2系列があります．JISには，前述の六角ボルト（JIS B 1180：1994）の附属書付表2.1及び同2.2に小形六角ボルトの各部寸法，さらに同規格の追補1(2001) に新しい等級が規定されています．

●六角穴付きボルト

直径がねじ部外径の約1.5倍の円筒形の頭部をもつ図3.5に示すようなボルトで，頭部頂面に六角穴があり，締付けの際，ここに図3.6に示す六角棒スパナを差し込んでトルクを加えます．JISには，
　　六角穴付きボルト（JIS B 1176：2000）

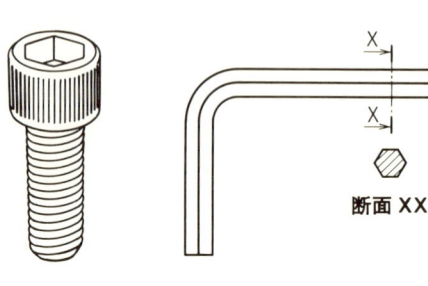

図3.5　六角穴付きボルト　　図3.6　六角棒スパナ

があります．

部品等級は表3.1のA，ねじの呼びの範囲はM3〜M52で，ねじの等級は6gです．

工作機械などに多く使われ，鋼製のものは強度区分が8.8, 10.9及び12.9で，酸化鉄皮膜（黒染め）又はりん酸塩皮膜を施してあります．

● 植込みボルト

棒の両端にねじをもつ図3.7のようなボルトで，45°面取りした平先側を"植込み側"，丸先側を"ナット側"のねじとして見分けます．植込み側のねじは機械本体に加工しためねじにねじ込まれて締

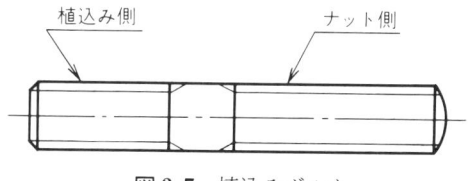

図3.7　植込みボルト

まりばめ状態となり，ナット側のねじにナットをねじ込んで被締結部材を締め付けます．JISには，

　　　植込みボルト（JIS B 1173：1995）

があります．

ねじ部には，M 4～M 20 の範囲のメートル並目ねじと小ねじ，ボルト及びナット用メートル細目ねじのいずれかが選択されます．植込み側のねじには締まりばめ用のねじが，ナット側のねじには6gの等級が指定され，強度区分には 4.8，8.8 及び 10.9 があります．

ナット

めねじをもつねじ部品を"ナット"といいます．軸対称形のナットでは，多くの場合めねじは軸線上に加工されています．

●六角ナット

図 3.8 に示すような六角柱形のナットで，JISには，

　　　六角ナット（JIS B 1181：1993，追補 1：2001）

があります．

高さがねじの呼び径の約 0.8 倍の"六角ナット・スタイル 1"，約 1 倍の"六角ナット・スタイル 2"，及び約 0.5 倍の"六角低ナット"があります．高強度ボルトと組んで用いる場合，六角ナット・スタイル 1 では変形する恐れがあるときに六角ナット・スタイル 2 が選

図 3.8　六角ナット

ばれます．六角低ナットは，六角ナット・スタイル1と組んでロックナットとして用いるほか，強度上問題がないときは単独に用いることができます．

座面部の形状に，図3.9(a)に示す"両面取り"と，同図(b)に示す"座付き"及び同図(c)に示す"面取りなし"があります．面取りなしは，低ナット以外には適用しません．

以上の六角ナットの部品等級はA又はBですが，高さがねじの呼び径の約0.8～1倍で部品等級Cの六角ナットがあります．

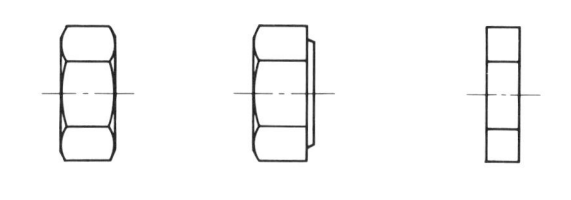

(a) 両面取り　　(b) 座付き　　(c) 面取りなし

図3.9　座面部の形状

表3.5　鋼製六角ナットに対する部品等級，強度区分，ねじの等級及びねじの呼びの範囲

ナットの種類	形式	座面部の形状	部品等級	強度区分	ねじの等級	ねじの呼びの範囲
六角ナット	スタイル1	両面取り，座付き	A	6, 8, 10	6 H	M 1.6～M 16
			B			M 20～M 36
	スタイル2		A	9, 12	6 H	M 5～M 16
			B			M 20～M 36
	—	両形取り	C	4, 5	7 H	M 5～M 36
六角低ナット	—	両面取り	A	04, 05	6 H	M 1.6～M 16
			B			M 20～M 36
		面取りなし	B	—	6 H	M 1.6～M 10

鋼製六角ナットに対する部品等級，強度区分，ねじの等級及びねじの呼びの範囲を表3.5に示します．

●小形六角ナット

小形六角ボルトに対応する六角ナットで，六角の二面幅及びねじの呼びの範囲は，小形六角ボルトと同じです．ナットの高さは六角ナット・スタイル1及び六角低ナットに対応する2グループがあります．JISには，前述の六角ナット（JIS B 1181：1993）の附属書付表2.1及び同2.2に小形六角ナットの各部寸法さらに同規格の追補1(2001)に新しい等級が規定されています．

●フランジ付き六角ナット

六角ナットと円すい形の座金とを一体化した図3.10のようなナットで，被締結部材が軟らかいとか，高強度ボルトと組んで高い軸力で締め付けるときに，被締結部材の表面に座面部が陥没することを防止するためのものです．JISには，

　　　フランジ付き六角ナット（JIS B 1190：1999）

があります．

六角の二面幅は小形六角ナットと同じで，フランジ部の直径はねじの呼び径の約2倍，高さはねじの呼び径にほぼ等しい．めねじ部

図3.10　フランジ付き六角ナット

には，ねじの呼びの範囲 M 4〜M 16 のメートル並目ねじ，又は M 8×1〜M 16×1.5 の小ねじ類，ボルト及びナット用メートル細目ねじが使われます．ねじの等級は，すべて 6 H です．

座　　金

小ねじ類，ボルト，ナットなどのねじ部品と併用されるねじ付属品の中に"座金"があります．

●平　座　金

中央に小ねじ，ボルトなどが貫通する穴がある図 3.11 のような円板状の座金です．

被締結部材の表面が粗いと，締付けの際，座面接触部における摩擦係数が不定となり，トルク法締付けにおける適正トルクが加えられません．また，被締結部材の表面が軟らかいと，ねじ部品の座面が被締結部材の表面部に陥没して緩みなどの不具合を生じます．このような場合に平座金が併用されます．ことに後者の場合，被締結部材と座金との間の接触面積が大きいことで座金の陥没を防ぎ，硬い座金を選ぶことでねじ部品の座金への陥没を防ぐことができます．JIS には，

　　　平座金　(JIS B 1256：1998)

があります．

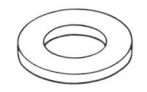

図 3.11　平　座　金

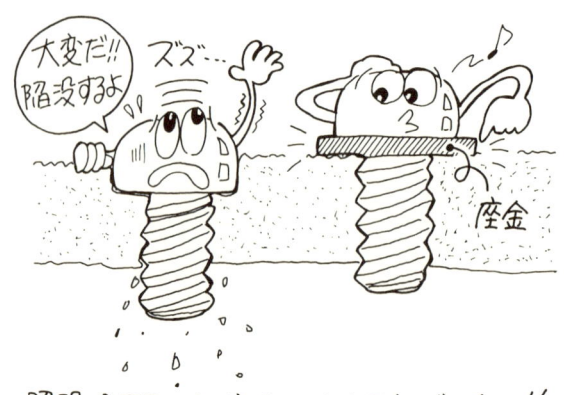

陥没ゆるみも座金を入れるとバッチリ!!

　この規格には，主として金属製の機械構造物に用いられる"丸座金"と，主として木製の構造物に用いられる"角座金"がありますが，ここでは丸座金について述べます．丸座金には，"小形丸"，"みがき丸"及び"並丸"があります．小形丸は，平らな座面をもつすりわり付き小ねじ及び十字穴付き小ねじ，並びに小形六角ボルト及び小形六角ナットに用います．みがき丸は，部品等級 A 及び B の六角ボルト及び六角ナット，並丸は，部品等級 C の六角ボルト及び六角ナットに用います．

　鋼製座金の場合，硬さが 10 H，14 H 及び 22 H（H の前の数字は最小ビッカース硬さの 1/10 を表す）のものに区分され，高強度ボルトによる締付けに応じられます．

　平座金の呼びは，使用するねじの呼び径で表されます．小形丸の呼び径の範囲は 1〜39 mm，みがき丸の呼び径の範囲は 2〜80 mm，並丸の呼び径の範囲は 6〜150 mm です．

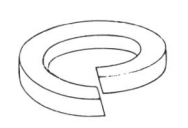

図 3.12 ばね座金

●ばね座金

長方形断面のコイルばねの一巻分にあたる図 3.12 のような弾性座金で，切断部の爪が締め付けたねじ部品の座面に引っかかって戻り回転を妨げるような巻き方向になっています．JIS には，

　　　ばね座金（JIS B 1251：2001）

があります．

ばね座金には，2 号（一般用）及び 3 号（重荷重用）の 2 種類があり，同じ内径のものでも 3 号のほうが 2 号に比べて寸法がいくらか大きくなっています．ばね座金の呼びは，使用するねじの呼び径で表され，2〜39 mm の範囲のものがあります．

第4章　ねじの強度と材料

　ねじ部品は，機械又は構造物の部分と部分，又は本体と部分とを結合するために用いられますが，結合を強固にするためには，ねじ部品はそれ相応の強度をもつものでなければなりません．

　ねじ部品の強度は，その材料と熱処理によって決まります．また，材料の選択にあたっては，装飾性，軽量性，耐熱性，耐食性なども考慮されます．

鋼製ボルト・ねじ及び植込みボルトの強度

　鋼製ボルト・ねじ及び植込みボルトの強度については，JISに，
　　炭素鋼及び合金鋼製締結用部品の機械的性質—
　　　第1部：ボルト，ねじ及び植込みボルト（JIS B 1051：2000）
があります．この規格による鋼製ボルト・ねじ及び植込みボルトの機械的性質を表4.1に示します．

　なお，この規格は次のような要求に対しては適用しません．すなわち，溶接性・耐食性・温度300℃（ただし，10.9は250℃）以上の耐熱性又は温度−50℃以下の耐寒性・耐せん断性及び耐疲労性．

　"強度区分"を表す記号，例えば4.8の小数点前の数字4は，N/mm^{2}の単位による呼び引張強さの数値400の1/100を表し，小数点後の数字8は，N/mm^{2}の単位による呼び降伏点又は耐力の数値320

と呼び引張強さの数値 400 との比 320/400＝0.8 の 10 倍を示します．したがって，強度区分 4.8 ということは，呼び引張強さが $4\times100=400$ N/mm² で，呼び降伏点又は耐力が $400\times(8/10)=320$ N/mm² であることを表します．

図 4.1 において，有効径 d_2 と谷の径 d_3 (有効断面積の算出だけに

表 4.1 鋼製ボルト・ねじ及び植込みボルトの機械的性質

強度区分		3.6	4.6	4.8	5.6	5.8	6.8	8.8		9.8	10.9	12.9
								(¹) $d\leq16$	(¹) $d>16$			
引張強さ N/mm²	呼び	300	400		500		600	800		900	1 000	1 200
	最小	330	400	420	500	520	600	800	830	900	1 040	1 220
降伏点又は耐力 N/mm²	呼び	180	240	320	300	400	480	640		720	900	1 080
	最小	190	240	340	300	420	480	640	660	720	940	1 100
保証荷重応力 N/mm²		180	225	310	280	380	440	580	600	650	830	970

注(¹) d はねじの呼び径(mm)

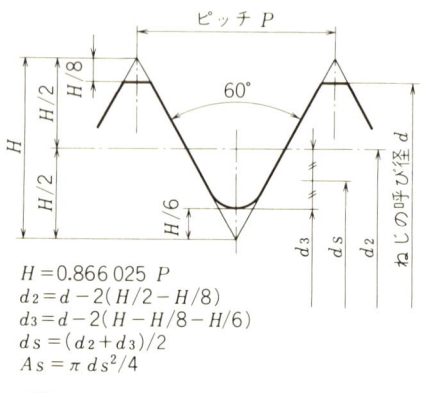

$H=0.866\,025\,P$
$d_2=d-2(H/2-H/8)$
$d_3=d-2(H-H/8-H/6)$
$ds=(d_2+d_3)/2$
$As=\pi\,ds^2/4$

図 4.1 メートルねじの有効断面積 A_S

使用される谷の径)との平均値 d_s を直径とする仮想的な円筒の断面積 A_s を"有効断面積"といいます. メートル並目ねじと小ねじ類, ボルト及びナット用メートル細目ねじに対する有効断面積 A_s の値を表 4.2 に示します.

表 4.1 に示す引張強さ, 降伏点又は耐力, 及び保証荷重応力に有効断面積を乗ずれば, それぞれ引張荷重, 降伏荷重又は耐力荷重, 及び保証荷重が得られます.

なお, "保証荷重"とは, 完全ねじ部の長さが $6P$ (P はねじのピッチ) 以上あるおねじ部品にナット又はめねじをもつ適当なジグをはめ合わせ, 軸方向に引張荷重を 15 秒間加えた後除荷したとき, 永久伸びが $12.5\,\mu\mathrm{m}$ 以下であることを保証する荷重です. また, "耐力"とは, 引張試験における荷重-伸び線図において明瞭な降伏現象

表 4.2 メートルねじの有効断面積 A_s

メートル並目ねじ				小ねじ類, ボルト及びナット用メートル細目ねじ	
ねじの呼び	A_s (mm²)	ねじの呼び	A_s (mm²)	ねじの呼び	A_s (mm²)
M 1.6	1.27	M 12	84.3	M 8×1	39.2
M 2	2.07	(M 14)	115	M 10×1.25	61.2
(M 2.2)	2.48	M 16	157	M 12×1.25	92.1
M 2.5	3.39	(M 18)	192	(M 14×1.5)	125
M 3	5.03	M 20	245	M 16×1.5	167
(M 3.5)	6.78	(M 22)	303	(M 18×1.5)	216
M 4	8.78	M 24	353	M 20×1.5	272
M 5	14.2	(M 27)	459	(M 22×1.5)	333
M 6	20.1	M 30	561	M 24×2	384
(M 7)	28.9	(M 33)	694	(M 27×2)	496
M 8	36.6	M 36	817	M 30×2	621
M 10	58.0	(M 39)	976	(M 33×2)	761
注 ねじの呼びに括弧を付けたねじは, なるべく用いない.				M 36×3	865
				(M 39×3)	1 030

が現れない場合に適用される,永久伸びが標点距離の 0.2% となる荷重応力のことです.

鋼製ナットの強度

鋼製ナットの強度については,JIS に,
　　　鋼製ナットの機械的性質 (JIS B 1052 : 1998)
があります.この規格中には,鋼製ナット(並目ねじ)と並んで鋼製ナット(細目ねじ)の機械的性質も規定されています.この規格は,戻り止め性能・溶接性・耐食性・温度 300°C 以上又は −50°C 以下に耐えられるナットには適用しません.

この規格による鋼製ナット(並目ねじ)の強度区分及び保証荷重応力を表 4.3 に示します.

"強度区分"を表す記号,例えば 4 の数字は,N/mm² の単位による呼び保証荷重応力の数値 400 の 1/100 を表します.表 4.3 に示す実保証荷重応力に有効断面積 A_s (表 4.2)を乗ずれば,そのナットの実保証荷重が得られます.

ナットの"実保証荷重"は,そのナットよりも強度の高いマンドレル(等級 6g のおねじ部をもつジグ)をはめ合わせ,軸方向に荷重を 15 秒間加えたとき,ナットが破壊したり,ねじ山がせん断することなくこの荷重に耐えること,また除荷した後,ナットがマンドレルから指で取り外せること(その際,最初の 1/2 回転は手回しレンチを用いてもよい)を保証する荷重です.

鋼製並高さナットの強度区分及びそれと組み合わせる鋼製ボルトとの対応を表 4.4 に示します.この表によれば,ナットの保証荷重応力はボルトの保証荷重応力に対してではなく,引張強さに対応させていることが注目されます.

鋼製ナットの強度

表 4.3　鋼製ナットの強度区分及び保証荷重応力

高さの区分		並高さナット [1]						低ナット [2]	
強度区分	4	5	6	8	9	10	12	04	05
呼び保証荷重応力	400	500	600	800	900	1 000	1 200	400	500
実保証荷重応力　$d \leq 4$	—	520	600	800	900	1 040	1 150	380	500
$4 < d \leq 7$		580	670	855	915	1 040	1 150		
$7 < d \leq 10$		590	680	870	940	1 040	1 160		
$10 < d \leq 16$		610	700	880	950	1 050	1 190		
$16 < d \leq 39$	510	630	720	920	920	1 060	1 200		

注 [1]　呼び高さがねじの呼び径 d の 0.8 倍以上のナットで，六角ナット・スタイル 1，六角ナット・スタイル 2 及び部品等級 C の六角ナットが該当する．

[2]　呼び高さがねじの呼び径 d の 0.5 倍以上 0.8 倍未満のナットで，六角低ナットが該当する．

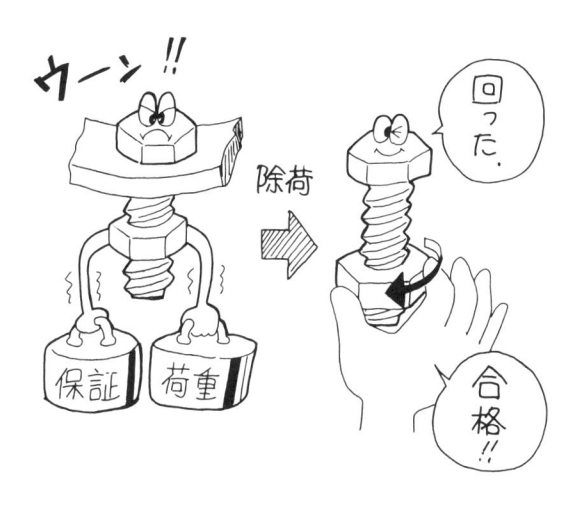

表 4.4 鋼製並高さナットの強度区分及びそれと組み合わせる鋼製ボルトとの対応

並高さナットの強度区分	組み合わせるボルト	
	強度区分	ねじの呼びの範囲
4	3.6, 4.6, 4.8	M 16 を超えるもの
5	3.6, 4.6, 4.8	M 16 以下
	5.6, 5.8	M 39 以下
6	6.8	M 39 以下
8	8.8	M 39 以下
9	8.8	M 16 を超え M 39 以下
	9.8	M 16 以下
10	10.9	M 39 以下
12	12.9	M 39 以下

備考　一般に高い強度区分に属するナットを,それより低い強度区分のナットの代わりに使用することができる.

鋼製止めねじの強度

鋼製止めねじの強度については,JIS に,

　炭素鋼及び合金鋼製締結用部品の機械的性質―第 5 部:引張力を受けない止めねじ及び類似のねじ部品

(JIS B 1053:1999)

があります.$d = 1.6 \sim 24$ mm 範囲の鋼製止めねじの強度区分,硬さ及び表面硬さを表 4.5 に示します.この規格は,引張応力が規定されたもの.溶接性・耐食性及び温度 300℃以上の耐熱性又は－50℃以下の耐寒性が要求される止めねじには適用しません.

"強度区分"を表す記号,例えば 14 H は,ビッカース硬さによる硬さ(最小)の数値 140 の 1/10 に,硬さの記号 H を付けて表したものです.

"硬さ"は，止めねじの先端面における中心付近の硬さです．直接測定で表の最大値を超えたときは，先端面から $0.5\,d$ mm（d は，ねじの呼び径）入った位置で再測定します．

"表面硬さ"は，止めねじのねじ山頂面を軽く研削又は研磨して，測定値の再現性が確保できるようにした状態で測定した硬さのことです．

表 4.5 鋼製止めねじの強度区分，硬さ及び表面硬さ

強度区分			14 H	22 H	33 H	45 H
硬さ	ビッカース硬さ HV	最小	140	220	330	450
		最大	290	300	440	560
表面硬さ	ビッカース硬さ HV	最大	—	320	450	580

ステンレス鋼製ねじ部品の強度

ステンレス鋼製ねじ部品の強度については，JIS に，
　耐食ステンレス鋼製締結用部品の機械的性質―
　第 1 部：ボルト，ねじ及び植込みボルト

(JIS B 1054-1：2001)

　第 2 部：ナット（JIS B 1054-2：2001）
　第 3 部：引張力を受けない止めねじ及び類似のねじ部品

(JIS B 1054-3：2001)

があります．この規格は，オーステナイト系，マルテンサイト系及びフェライト系ステンレス系製のボルト，ねじ，ナット並びに引張力を受けない止めねじ及び類似のねじ部品を，15°〜25℃の環境温度範囲で試験したときの機械的性質です．

なお，この規格は，溶接性・特定の環境における耐食性又は耐酸化性などについては規定していません．

この規格を適用するステンレス鋼製ねじ部品は，呼び径1.6〜39 mm のメートル並目ねじ，及び小ねじ類，ボルト及びナット用メートル細目ねじで，ナットの場合は二面幅又は外側直径がねじの呼び径の1.45倍以上，ねじ部の有効はめ合い長さがねじの呼び径の0.6倍以上あり，オーステナイト系，フェライト系及びマルテンサイト系のステンレス鋼を材料とするものを対象とします．

この規格によるステンレス鋼製ねじ部品の強度区分，引張強さ，保証荷重応力，耐力及び性状区分を表4.6に示します．

"鋼種区分"の記号 A はオーステナイト系，F はフェライト系，C はマルテンサイト系を意味し，数字は A，F 及び C 系のステンレス鋼それぞれに含まれる元素による区分を示します．

"強度区分"の数字は，ボルト・小ねじの場合は N/mm² の単位による引張強さ（最小）の1/10の値を，ナットの場合は N/mm² の単位による保証荷重応力（最小）の1/10の値を表します．

ステンレス鋼には降伏点がないので，強度設計には耐力が使われ

表4.6 ステンレス鋼製ねじ部品の強度区分，引張強さ，保証荷重応力，耐力及び性状区分

材料の組織区分		オーステナイト系			フェライト系		マルテンサイト系					
鋼種区分		A1, A2, A4			F1		C1			C3	C4	
強度区分		50	70	80	45	60	50	70	110	80	50	70
ボルト・小ねじ：引張強さ(最小) ナット：保証荷重応力(最小)	N/mm²	500	700	800	450	600	500	700	1 100	800	500	700
ボルト・小ねじ：耐力(最小)	N/mm²	210	450	600	250	410	250	410	820	640	250	410
性状区分		軟質	冷間加工	冷間強加工	軟質	冷間加工	軟質	焼入れ焼戻し	*	焼入れ焼戻し	軟質	焼入れ焼戻し

注* 最小焼戻し温度 275°C での焼入焼戻し．

ます.表4.6に示す"耐力"は,永久伸びが標点距離の0.2%となる荷重応力で示されています.

ねじ部品用材料の規格

ねじ部品用材料のJISとしては,
 一般構造用圧延鋼材（JIS G 3101：1995）
 みがき棒鋼（JIS G 3123：1987）
 軟鋼線材（JIS G 3505：1996）
 硬鋼線材（JIS G 3506：1996）
 冷間圧造用炭素鋼線材（JIS G 3507：1991）
 冷間圧造用炭素鋼線（JIS G 3539：1991）
 機械構造用炭素鋼鋼材（JIS G 4051：1979）
 ニッケルクロム鋼鋼材（JIS G 4102：1979）
 ニッケルクロムモリブデン鋼鋼材（JIS G 4103：1979）
 クロムモリブデン鋼鋼材（JIS G 4105：1979）
 高温用合金鋼ボルト材（JIS G 4107：1994）
 特殊用途合金鋼ボルト用棒鋼（JIS G 4108：1994）
 ステンレス鋼棒（JIS G 4303：1998）
 ステンレス鋼線材（JIS G 4308：1998）
 ステンレス鋼線（JIS G 4309：1999）
 冷間圧造用ステンレス鋼線（JIS G 4315：2000）
 硫黄及び硫黄複合快削鋼鋼材（JIS G 4804：1999）
 耐熱鋼棒（JIS G 4311：1991）
 耐食耐熱超合金棒（JIS G 4901：1999）
 銅及び銅合金棒（JIS H 3250：2000）
 銅及び銅合金線（JIS H 3260：2000）

アルミニウム及びアルミニウム合金の棒及び線（JIS H 4040：1999）

などがあります．

第5章　ねじの締付け

　低炭素鋼製ボルト（強度区分4.6程度）と低炭素鋼製六角ナット（強度区分4程度）で，スパナを用いて被締結部材を締め付ける場合，M 10 ねじのときほぼ適正，M 8 以下のねじでは締めすぎ，M 12 以上のねじでは締め不足となります．これは，規格スパナの開口部中心から握り部までの長さがねじの呼び径にほぼ比例しているのに，スパナの握り部に加えるべき力がねじの呼び径の2乗にほぼ比例していることによります．

　ねじの締めすぎはボルトやナットのねじ部が永久変形してその再

使用を不可能にし，締め不足は設計者が期待したボルトやナットの強度上の能力を有効に利用していないのでねじの緩み等による事故の原因となります．

ねじの締付け方法については，JIS に，

　　　ねじの締付け通則（JIS B 1083：1990）

があり，トルク法締付け，回転角法締付け及びトルクこう配法締付けが規定されていますが，本書では，最も一般的な"トルク法締付け"について述べます．

斜面の原理

ボルトに軸力が生じている状態でナットにトルクを加えて回転するとき，ボルト軸力とナットに加えるトルクとの関係は"斜面の原理"の応用として導かれます．

斜面の原理とは，斜面上で重い荷物を移動するときそれを水平方向に動かす力を求めることで，その簡単な例を図 5.1 に示します．図 5.1(a) は，重さ F なる荷物を傾斜角 β なる斜面を上る方向に移動する場合で，荷物を水平に押す力 U は

$$U = F \tan(\beta + \rho) \tag{5.1}$$

で計算されます．図 5.1(b) は，重さ F なる荷物を傾斜角 β なる斜面を下る方向に移動する場合で，荷物を水平に押す力 U は

$$U = F \tan(-\beta + \rho) \tag{5.2}$$

で計算されます．

ρ は摩擦角で，荷物と斜面の間の摩擦係数を μ とすれば，

$$\tan \rho = \mu = M/R \tag{5.3}$$

なる関係があります．ここで，M は斜面上で荷物の進行を妨げる方向に作用する摩擦力，R は斜面に直角な方向に作用する反力であ

り，

斜面を上る場合：
$$M = F \sec(\beta+\rho) \sin \rho \\ R = F \sec(\beta+\rho) \cos \rho \tag{5.4}$$

斜面を下る場合：
$$M = F \sec(-\beta+\rho) \sin \rho \\ R = F \sec(-\beta+\rho) \cos \rho \tag{5.5}$$

で計算されます．

図5.1の下の図は，F, U, M 及び R をベクトルとみなし，$F \to U \to M \to R$ の順に結んだベクトル線図で，これらの四つのベクトルはつり合っているので，閉じた図形となります．

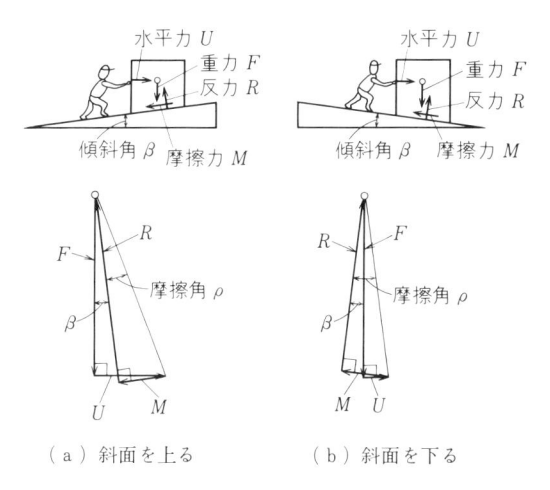

(a) 斜面を上る　　(b) 斜面を下る

図5.1 斜面の原理（その1）

図 5.2 は，荷物の移動が斜面の最大傾斜の方向と一致しない場合で，荷物の移動を真横から見た図を正面図，真後ろから見た図を側面図とし，それぞれの図で示されている斜面の傾斜角を β 及び α とします．また，正面図において斜面上を荷物が移動する方向に直角な断面 XX において示されている傾斜角を α' とします．

まず，荷物が斜面を上る図 5.2 の場合には，荷物が移動する方向に水平に押す力 U は

$$U = F \tan(\beta + \rho') \tag{5.6}$$

で計算されます．ここで，相当摩擦角 ρ' は

$$\tan \rho' = \tan \rho / \cos \alpha' \tag{5.7}$$

及び

$$\tan \alpha' = \tan \alpha \cos \beta \tag{5.8}$$

なる関係から求めます．

図 5.2 の右の図において，0-1-2-3-4 の順に作図することで

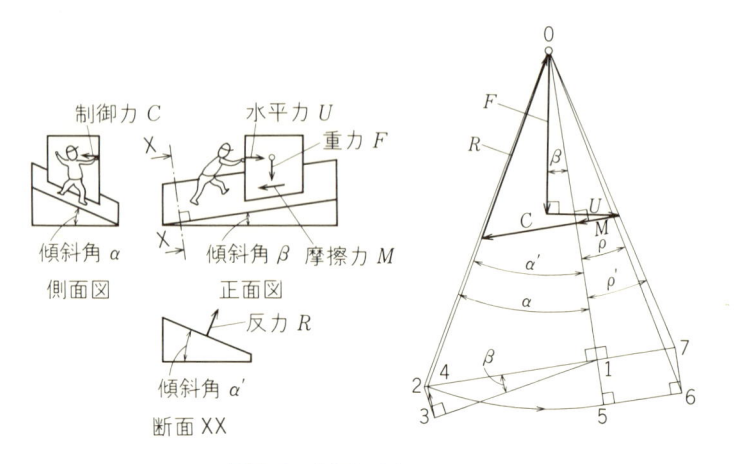

図 5.2 斜面の原理（その 2）

α' が，また 4‐5‐6‐7‐0 の順に作図することで ρ' が求められます．この図上に描かれている C は，側面図に示されている制御力 C の大きさを示すもので，荷物を傾斜角 β の方向に移動するためには，この制御力を作用し続けなければなりません．

摩擦力 M，反力 R 及び制御力 C は

$$M = F \sec(\beta + \rho') \sin \rho' \tag{5.9}$$
$$R = F \sec(\beta + \rho') \cos \rho' \sec \alpha' \tag{5.10}$$
$$C = F \sec(\beta + \rho') \cos \rho' \tan \alpha' \tag{5.11}$$

で計算されます．

式(5.9)及び式(5.10)により，M/R を求め，式(5.7)の関係を代入すれば，

$$M/R = \tan \rho' \cos \alpha' = \tan \rho = \mu$$

となり，式(5.3)と一致します．

図 5.2 の右の図は，F, U, M, C 及び R をベクトルとみなし，$F \to U \to M \to C \to R$ の順に結んだベクトル線図ですが，立体的に考察するためには，C 及び R が含まれる面を 0‐1 の線を折れ線にして紙面の裏側へ直角に折り曲げた状態を仮想するとよいでしょう．これら五つのベクトルはつり合っているので，順に結んだ結果は閉じた図形となります．

荷物が斜面を下る場合は，式(5.6)以降の β を含む各式において，β の符号を－（マイナス）にします．

ねじの締付けトルク

図 5.3 に示すように，ボルト・ナットで被締結部材を締め付ける場合，ボルトに F なる軸力を発生させるためにナットに加えるトルク（締付けトルク）を T_f，そのときボルト軸部に発生している軸ト

ルク(ねじれトルク)を T_s とすれば，T_f は T_s とナット座面における摩擦トルクとの和に等しくなります．すなわち，ナット座面における摩擦係数を μ_w，接触部の平均直径を d_w とすれば，

$$T_f = T_s + (d_w/2) F \mu_w \tag{5.12}$$

が得られます．

図5.2において，斜面をねじ面に置き換えれば，制御力 C は軸対称に作用するのでそれ自体でつり合います．水平力 U が有効径位置で円周に接線方向に作用することで，軸トルク T_s が発生します．すなわち，ねじの有効径を d_p とし，式(5.6)の U を用いれば，

$$\begin{aligned} T_s &= (d_p/2) U \\ &= (d_p/2) F \tan(\beta + \rho') \end{aligned} \tag{5.13}$$

が得られます．ここで，β はねじ面の場合有効径位置におけるリード角で，ねじのピッチを P とすれば，$\tan \beta = P/(\pi d_p)$ で計算され

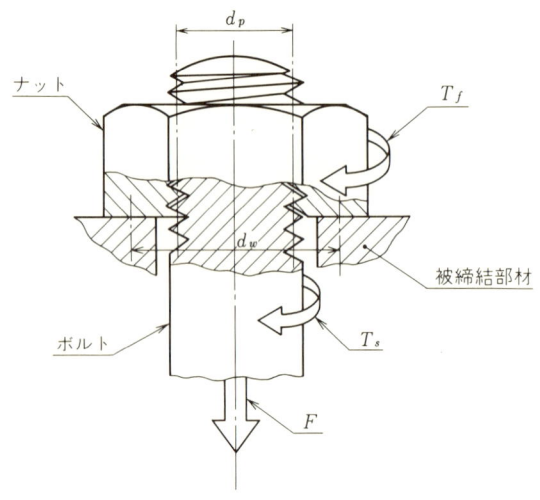

図5.3 ボルト・ナットによる締付け

ます．$\tan(\beta+\rho') \fallingdotseq \tan\beta + \tan\rho'$ であり，$\alpha=30°$ を式(5.7)及び式(5.8)に代入し，式(5.3)において $\mu=\mu_s$ とおけば，$\tan\rho' \fallingdotseq 1.15\mu_s$ が成り立ちます．この関係を用いれば，式(5.13)は近似的に

$$T_s = (d_p/2)F(\tan\beta + 1.15\mu_s) \tag{5.14}$$

とすることができます．ただし，μ_s はねじ面における摩擦係数です．

式(5.14)を式(5.12)に代入すれば，ねじの締付けトルク T_f は，近似的に

$$T_f = (1/2)F[d_p(\tan\beta + 1.15\mu_s) + d_w\mu_w] \tag{5.15}$$

で計算されます．

いま，平均的な値として $\mu_s = \mu_w = 0.15$, $\tan\beta = 0.044\,(\beta = 2°30')$, $d_p = 0.92d$, $d_w = 1.3d$（d は，ねじの呼び径）とおけば，式(5.15)は

$$T_f = 0.20Fd \tag{5.16}$$

と簡単化されます．一般的に

$$T_f = KFd \tag{5.17}$$

とおいた場合の比例定数 K のことを"トルク係数"といっています．式(5.16)によれば，平均的には $K=0.20$ とみなされます．

締 付 け 応 力

●締付け応力の最大値

ボルト軸部を引っ張ったとき，ねじ部で破損が起こるものとし，ねじ部を断面積が有効断面積 A_s に等しい仮想的な円筒(以下，有効断面円筒という）に置き換えます．F なる軸力が発生しているとき，有効断面円筒における引張応力 σ は，

$$\sigma = F/A_s = F(4/\pi)/d_s^2 \tag{5.18}$$

で表されます．ここで，d_s は有効断面円筒の直径です（図4.1参

照)．

T_s なる軸トルクが発生しているとき，有効断面円筒の表面におけるせん断応力 τ は，式(5.14)を考慮して

$$\tau = T_s(16/\pi)/d_s^3$$
$$= F(8/\pi)(d_p/d_s^3)(\tan\beta + 1.15\,\mu_s) \tag{5.19}$$

で表されます．

式(5.19)と式(5.18)の比をとれば，

$$\tau/\sigma = 2(d_p/d_s)(\tan\beta + 1.15\,\mu_s) \tag{5.20}$$

が得られます．

いま，平均的な値として $d_p/d_s=1.05$, $\tan\beta=0.044$ ($\beta=2°30'$), $\mu_s=0.15$ とおけば，式(5.20)は

$$\tau = 0.455\sigma \tag{5.21}$$

又は，

$$(\sigma/\sigma_Y) = 2.20(\tau/\sigma_Y) \tag{5.22}$$

となります．

延性材料が用いられる締結用ねじの場合は，

$$\sigma_v = \sqrt{\sigma^2 + 3\tau^2} \tag{5.23}$$

の関係にある σ_v の値が材料の破損応力 (降伏点又は耐力) σ_Y に達したとき，有効断面円筒の表面が破損して塑性域に入るとされています．このことを，τ/σ_Y を横軸，σ/σ_Y を縦軸とする図5.4の座標上で表せば，

$$1 = (\sigma/\sigma_Y)^2 + 3(\tau/\sigma_Y)^2 \tag{5.24}$$

が描くだ円形が，弾性域と塑性域の境界となります．

ボルト・ナットで被締結部材を締め付ける場合，締付けの進行に伴って増大する σ 及び τ は，式(5.22)の関係を保ちながら原点を通る右上がりの直線上を矢印の方向に進行し，式(5.24)が表すだ円形

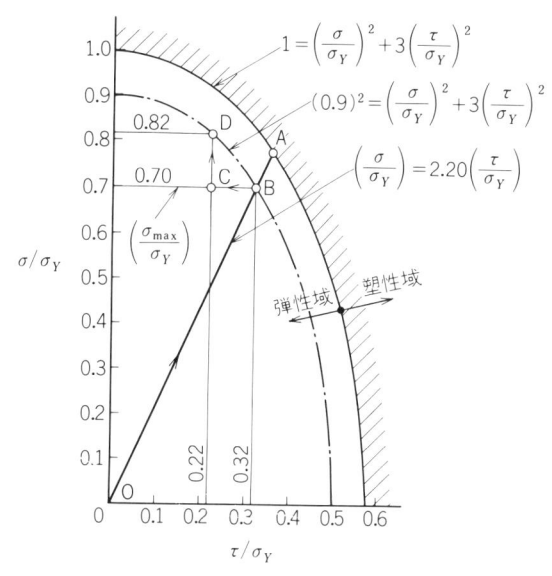

図 5.4 締付け応力の最大値（σ_{max}）を求める図

との交点 A において破損が始まります．

締付け応力の最大値 σ_{max} は，平均的には点 A の縦座標の値として与えられますが，式(5.22)はばらつきのある摩擦係数の平均値及び寸法の異なる多数のねじの平均的な値を用いて導いたものですから，点 A の縦座標値は塑性域に入る場合のものを含んでいます．そこで，安全をみて，式(5.21)の σ_v の値が破損応力 σ_Y の 90% となる

$$(0.9)^2 = (\sigma/\sigma_Y)^2 + 3(\tau/\sigma_Y)^2 \tag{5.25}$$

が描くだ円形（一点鎖線で示されている）との交点 B の縦座標をとります．すなわち

$$\sigma_{max} = 0.70\sigma_Y \tag{5.26}$$

を締付け応力の最大値とします．

図 5.5（a）は，2 枚の被締結部材をボルト・ナットで締め付けた直後で，ナットにはまだ締付けの最後のトルク T_f が加えられている状態，同図（b）はナットに加えるトルク T_f を解放してゼロにした状態です．（a）の状態では，被締結部材はナット座面の摩擦力により締付けと同じ方向にねじれています．ナットに加えるトルクを解放した（b）の状態では，ボルト軸に発生している軸トルク T_s が，ナット座面を通じて被締結部材を締付けと反対の方向にねじり，T_s' まで減少してつり合っています．軸トルク残留率 $\lambda\,(=T_s'/T_s)$ は，被締結部材のねじり剛性及び各接触部の粗さなどに依存しますが，林ら[15]によれば，図 5.5 のような平板の場合

$$\lambda \leqq 0.7 \tag{5.27}$$

とみなされます．

いま，$\lambda=0.7$ とおき，図 5.4 において，点 B，点 C 及び点 D の状態における応力をそれぞれ (σ_B, τ_B), (σ_C, τ_C) 及び (σ_D, τ_D) とすれば，ナットに加えるトルクを解放することにより点 B は点 C に移行

し，$\sigma_C = \sigma_B = 0.70\,\sigma_Y$, $\tau_C = 0.7\tau_B$ となります．点Cの状態にあるねじ締結体に外力が作用して，ボルト軸力が増大し一点鎖線との交点Dに移行したとき，$\sigma_D = 0.82\,\sigma_Y$, $\tau_D = \tau_C$ となります．

点Dと点Cの縦座標の差が，外力の作用によってボルトに追加される軸応力の受入れ余裕で，

$$\sigma_D - \sigma_C = 0.82\sigma_Y - 0.70\sigma_Y$$
$$= 0.12\sigma_Y \qquad (5.28)$$

となり，これはボルトの疲れ強さを考慮する場合には十分な余裕幅であるといえます．

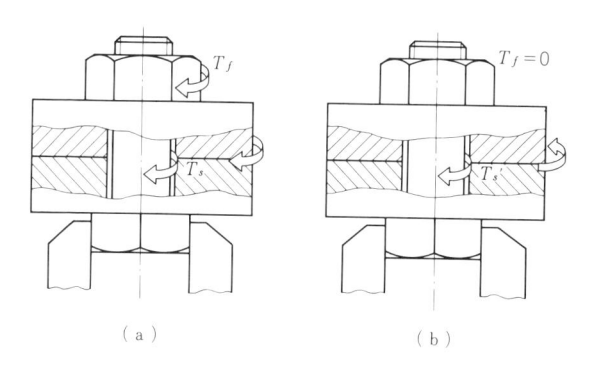

図5.5 締付けトルク解放前後の軸トルクの変化

●**締付け応力の最小値**

締付けによって発生するボルト軸力 F は，締付け方法，ねじ面及び座面における摩擦係数，及びトルク測定装置の精度に応じて $F_{\max} \sim F_{\min}$ の範囲でばらつきます．そのばらつき程度を

$$Q = F_{\max}/F_{\min} \qquad (5.29)$$

で表し，Q のことを締付け係数といいます．

表 5.1 締付け係数 Q の値[16]

Q	締付け方法	表面状態 ボルト	表面状態 ナット	潤滑状態
1.4	トルクレンチ	無処理 又は りん酸塩皮膜	無処理 又は りん酸塩皮膜	油潤滑
1.6	インパクトレンチ	無処理 又は りん酸塩皮膜	無処理 又は りん酸塩皮膜	油潤滑
1.8	トルクレンチ	無処理 又は りん酸塩皮膜	無処理	潤滑せず
2	動力ドライバ	亜鉛めっき カドミウムめっき	亜鉛めっき カドミウムめっき	油潤滑 又は 潤滑せず

Q がわかれば，$(F_{max}/F_{min})=(\sigma_{max}/\sigma_{min})$ ですから，

$$\sigma_{min}=\sigma_{max}/Q \tag{5.30}$$

によって，締付け応力の最小値 σ_{min} が与えられます．

Q の値は，実験的に求めなければなりませんが，ユンカーが推奨する値を整理して表 5.1 に示します．トルクレンチによる締付けでは，トルク値のばらつきを抑えるために油潤滑とするのが普通です．ボルト・ナットとも表面処理なしとすれば，表 5.1 より，$Q=1.4$ とみなされます．

式(5.30)に式(5.26)の σ_{max} 及び $Q=1.4$ を代入すれば，

$$\sigma_{min}=0.50\sigma_Y \tag{5.31}$$

が得られます．

●締付け応力の平均値

式(5.26)による σ_{max} と，式(5.31)による σ_{min} の平均値を σ_{mean} とすれば，

$$\sigma_{mean}=0.60\sigma_Y \tag{5.32}$$

が得られます．

トルク法によるねじの締付け

ボルト軸部が弾性域にあれば，締付けトルク T_f が軸力 F と比例関係にあることを利用して，締付けトルクを計測することで軸力をコントロールするねじの締付け方法を"トルク法"といいます．

締付けトルクを計測するために，図5.6のようなトルクレンチを用います．トルクレンチについては，JIS に，

　　手動式トルクレンチ（JIS B 4650：2002）

があります．

ねじの有効断面積を A_S とすれば，締付け軸力の平均値 F_{mean} は，式(5.32)を用いて

$$F_{\mathrm{mean}} = \sigma_{\mathrm{mean}} A_S$$
$$= 0.60\, \sigma_Y A_S \qquad (5.33)$$

となります．

式(5.33)の F_{mean} を式(5.16)の F に代入すれば，トルクの指示目標値 T_{mean} は

$$T_{\mathrm{mean}} = 0.120 \sigma_Y A_S d \qquad (5.34)$$

となります．

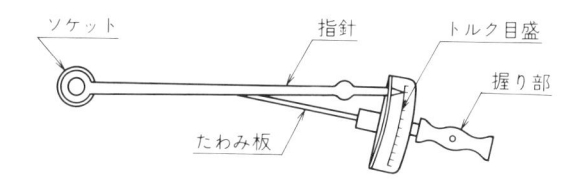

図5.6　トルクレンチ

この式で，呼び径 4〜36 mm 範囲のメートル並目ねじと小ねじ類，ボルト及びナット用メートル細目ねじに対するトルクレンチ用トルクの指示目標値 T_{mean} が計算されます．σ_Y は表 4.1 の降伏点又は耐力の最小値，A_s は表 4.2 の値を用い，強度区分 4.6, 6.8, 8.8, 10.9 及び 12.9 に対して計算した結果を表 5.2 に示します．

表 5.2 トルクレンチ用トルクの指示目標値 T_{mean}

単位　Nm

メートル並目ねじ						メートル細目ねじ					
ねじの呼び	強度区分					ねじの呼び	強度区分				
	4.6	6.8	8.8	10.9	12.9		4.6	6.8	8.8	10.9	12.9
M 4	1.0	2.0	2.7	4.0	4.6	—	—	—	—	—	—
M 5	2.0	4.1	5.5	8.0	9.4						
M 6	3.5	6.9	9.3	13.6	15.9						
M 8	8.4	16.9	22	33	39	M 8×1	9.0	18.1	24	35	41
M 10	16.7	33	45	65	77	M 10×1.25	17.6	35	47	69	81
M 12	29	58	78	114	133	M 12×1.25	32	64	85	125	146
M 16	72	145	193	280	330	M 16×1.5	77	154	210	300	350
M 20	141	280	390	550	650	M 20×1.5	157	310	430	610	720
M 24	240	490	670	960	1 120	M 24×1.5	270	530	730	1 040	1 220
M 30	480	970	1 330	1 900	2 200	M 30×2	540	1 070	1 480	2 100	2 500
M 36	850	1 690	2 300	3 300	3 900	M 36×3	900	1 790	2 500	3 500	4 100

第6章　ねじの緩み

　ねじ締結体は，ねじの締付けによってボルト軸部に発生した引張力（ボルト軸力という）と被締結部材に発生した圧縮力（締付力という）とにより一体化されています．このねじ締結体に外力が作用していないときは，ボルト軸力と締付力とは互いにつり合っており，この状態における両者を総称して"予張力"といいます．

　締付け直後に発生した予張力は，機械の使用中に何らかの原因で低下します．このような予張力の低下を"ねじの緩み"といいます．

ナットが回転しないで生じる緩み

●接触部の小さな凹凸のへたり

　ねじ締結体は，負荷ねじ面，ナット座面，ボルト頭座面，被締結部材同士の接合面のそれぞれにおいて圧縮力の下に接触しています．それらの接触部に加工の際にできた小さな凹凸があるときは，締付け後に作用する外力の変動によって圧縮力が変動し，局部的なへたりが進行して凹凸が平坦化し，図6.1に示すように接近します．この接近が締付け長さ（ボルト頭座面とナット座面間の距離）の減少となり，予張力の低下をきたします．

　この種の緩みは，へたるだけへたった後は進行が止まるので危険はありませんが，ねじ締結体の設計上必要なので第7章の"初期緩

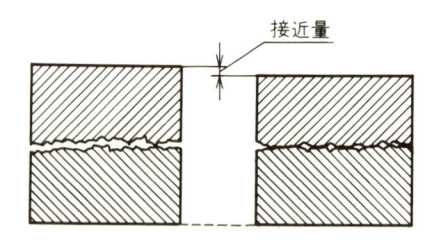

図 6.1 接触部の凹凸が平坦化することによって生じる接近

み"の中で具体的な推定方法を述べることにします．

●座面部の被締結部材への陥没

ボルト頭座面部（ナット座面部でも同じ）が予張力によって被締結部材表面部へ塑性的に陥没した状態を図 6.2 に示します．この陥没は，被締結部材の加工硬化現象によって進行が止まる場合はあまり問題になりませんが，これがどんどん進行する場合にいわゆる"陥没緩み"を生じます．

陥没緩みは，軟らかい被締結部材を高強度ボルト・ナットで締め

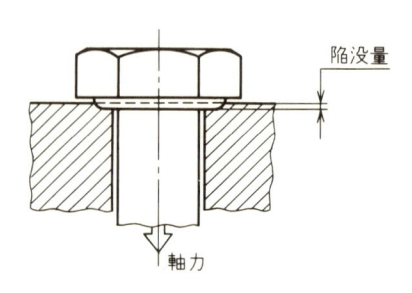

図 6.2 ボルト頭座面部の被締結部材への陥没

付ける場合に起こるので，検討の上，フランジ付き六角ボルト，フランジ付き六角ナット（図 3.10）の使用又は硬い座金（第 3 章"座金"参照）を併用することで防止することができます．

●ガスケットなどのへたり

ガス漏れを防ぐため，被締結部材同士の接合面にガスケットなどを挟んで締め付けますが，例えばガスケットはアスベストなどの非弾性材料を内蔵しているので，外力の影響でへたりが進行し，それが原因で予張力の低下をきたします．

ガスケットなどのへたりによる緩みは，一般にへたるだけへたった後は進行しないので，増し締めによって復元することができ，それが予測できる場合は強度区分の高いボルトを用い，締付けの際，予想される低下分だけ大きい予張力を与えておくことで増し締めの手間を省くことができます．

●接触部の微動摩耗

内燃機関のコネクティングロッドにおいて，締付けの際の予張力がある値以下のとき，接触部の微動摩耗によって予張力の低下がどんどん進行することがあります[17]．

この種の緩みを防止するために，微動摩耗が生じないような十分大きい予張力が与えられるように，コネクティングロッドボルトの強度を高くします．このことが，コネクティングロッドボルトの強度区分が，疲れ強さに対する考慮に加えて高く選ばれる理由であると思われます．

●高温に加熱されること

炭素鋼は 500℃前後で再結晶し，再結晶の際，残留応力が消失しま

す．予張力は一種の残留応力（又は内部応力）とみなされますので，ねじ締結体が火災に遭って再結晶温度以上に加熱されたときは，予張力が消失して緩んでしまうことが考えられます．それゆえ，機械類又は構造物が被災したときは，ねじが緩んでいないかどうかを疑ってみる必要があります．

ナットが回転して生じる緩み

●軸回り回転の繰り返し

鋏(はさみ)の回転軸に使われているねじや眼鏡のつるをとり付けるねじが回転の繰り返しによって緩むことは，日常経験することです．このようなねじの緩みは，被締結部材同士がねじを締める方向に回転するときは座面で滑り，ねじを緩める方向に回転するときはねじ面で滑るという条件を満たしている場合に生じます．この条件をグラフで表したものが図6.3の判定線図です．

図 6.3 において,横軸はねじのリード角 β で,$\tan \beta = P/(\pi d_p)$ で計算します.ただし,P はピッチ,d_p は有効径で規格の基準寸法を用います.縦軸は,座面接触部の平均直径 d_w と有効径 d_p との比を表します.そのねじ締結体について,両者を求めて線図上にプロットしたとき,その点が右上がりの直線の上にあれば緩まないし,下にあれば緩むと判定します.右上がりの直線が 3 本ありますが,それぞれ摩擦係数 μ が 0.10,0.15 及び 0.20 と仮定した場合です.ただし,摩擦係数は,ねじ面と座面とで等しいとみなします.図中に代表的なねじ部品の例がいくつかプロットされています.

図 6.3 の判定線図は,ねじ部に戻り止めを施さない場合にだけ適用されます.おねじ・めねじ間に有効な回転抵抗を生じるような仕掛けを施すと,回転の際の滑りは座面だけで起こり,ねじの緩みは

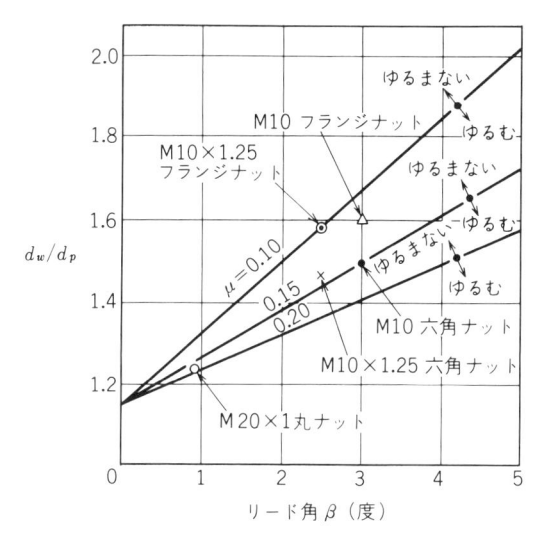

図 6.3 軸回り回転による緩み発生の判定線図[18]

生じません．

●軸直角変位の繰り返し

ボルト・ナットで締め付けられた被締結部材同士が互いに軸直角方向の変位を繰り返す場合のねじの緩み機構について，山本・賀勢[19]の説を紹介します．

図6.4において，固定板と可動板とをボルト・ナットで締め付け，それを横から見たところを左側に，ナットの上から見たところを右側に示します．ねじは右ねじとし，ボルト頭は固定板に回り止めされているものとします．可動板は左右方向に往復変位し，①は可動板の左死点位置，②はボルトが右傾の限界に達した位置，③は可動板の右死点位置にある状態を示します．

①から②までの区間中，左傾していたボルトは中立点を経て右傾しますが，その姿勢変化に伴ってボルトねじ山の下面がナットねじ山の上面上を滑ります．その滑り方向は，ナットねじ山の上面のリ

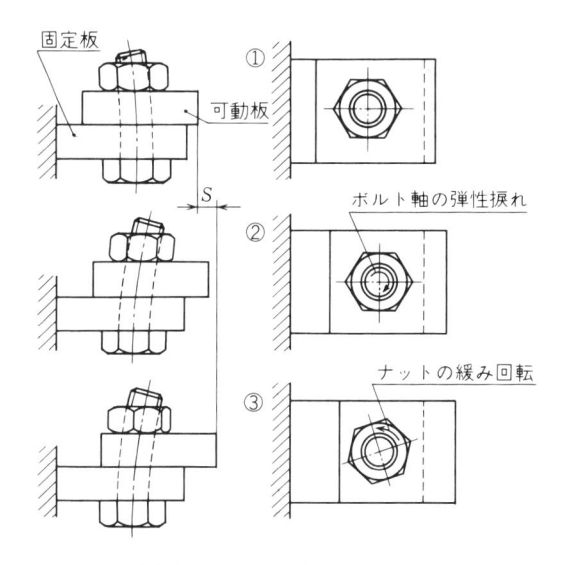

図 6.4　軸直角変位による緩み発生機構の説明図

ードに沿って下るような成分をもつので，ボルト軸部は②の右側の図の矢印の方向にねじれます．

次に，②から③までの区間中，ナット座面が可動板上を滑ります．その滑りの方向は，ボルトの弾性ねじれを解除しようとする成分をもつので，ナットは③の右側の図の矢印方向に回転します．このような挙動が，可動板の左方向への復行程においても行われるので，ナットは1サイクルあたり2回ずつ緩み方向の回転を蓄積していきます．

この種のねじの緩みを防止するには，まず予張力を十分に高くして，軸直角方向の外力が作用してもナット座面が被締結部材の表面上を滑らないようにすることです．予想以上に大きい外力が作用し

て，ナット座面が被締結部材の表面上を滑ることがあっても，なおかつねじが緩まないためには，ねじ面同士が相対的に滑りを生じないように，ナットの全長にわたってロックするような緩み止めを施します．

●軸方向荷重の増減

Goodierら[20]は，互いにはめ合わされたボルト・ナットのボルト頭とナットのそれぞれの座面に金具を掛け，材料試験機で軸方向の負荷と除荷を繰り返したとき，ナットがボルトに対し微量ながら緩み回転することを発見しました．

図 6.5 の左側の図において，ボルト頭（図示せず）の座面に金具を掛けてボルトを引っ張るように荷重を加え，荷重の増減を繰り返します．図中の T_s は，ボルト軸部に発生している弾性ねじれを解除しようとするトルクで，ねじは右ねじとします．

荷重増加によりボルト軸力が増大するとき，ねじ山に角度があるためナットは半径方向に拡大し，ボルトのねじ部はポアソン比で関

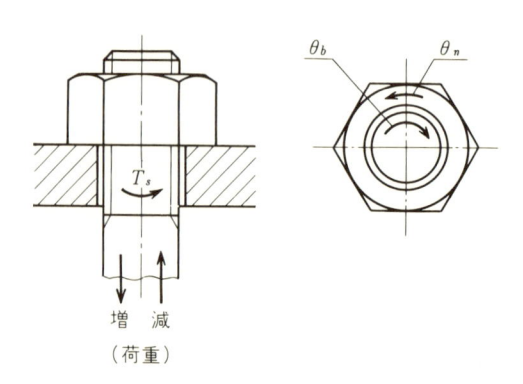

図 6.5 軸方向荷重の増減による緩み発生機構の説明図

係づけられて半径方向に収縮します．荷重減少によりボルト軸力が減少するときは，その反対の現象が起こります．そのため，ボルト軸力の増大・減少に際して，ボルトねじ山の下面はナットねじ山の上面を下りと上りを繰り返しますが，ねじにリードがあるために下るときも上るときもリードに沿って下る成分をもちます．

その結果，ボルトのねじ部はナットに対して，荷重増減の1サイクルあたり θ_b だけ軸線の回りにねじれます．それと同時に，ナット座面はナットの拡大・収縮のとき被締結部材の表面上を半径方向に滑りますが，そのとき発生しているボルト軸部の弾性トルク T_s の影響を受けて，拡大するときも収縮するときも，1サイクルあたり θ_n だけ軸線の回りに緩み方向に回転します．図6.5の右側の図はナットの上から見た図で，上記 θ_b 及び θ_n の矢印が大きさを誇張して描かれています．一方，ボルト頭は半径方向の拡大・収縮はほとんどないとみなされますので，ボルト軸部の弾性トルク T_s によるボルト頭の回転は無視されます．

さて，T_s が小さいときは $\theta_b > \theta_n$ であり，$\theta_b - \theta_n$ によって T_s を増加する傾向をとり，T_s が大きいときはその逆となります．よって，$\theta_b = \theta_n$ なる T_s 値があるわけで，ボルト軸部の弾性トルク T_s がその値に到達した後は，ナットの緩み方向の回転 θ_n は1サイクルあたり一定のテンポで進行します．

佐藤・細川ら[21]がM10の六角ボルト・ナットについて，錆止め潤滑油NP-7を用いて行った実験によれば，荷重上限値を25.5 kNとした場合，荷重上限値と荷重下限値との差が12.7 kN以下であれば緩みは発生しなかったといっています．したがって，通常のねじ締結体のように外力によるボルト軸力の変動幅が予張力に比べてかなり小さい場合は，この種の緩みは起こらないといえます．

●軸直角衝撃力の繰り返し

賀勢・小栗[22]は，図 6.4 と同じ配置による実験装置を用い振動板に衝撃力 P を作用させたとき，P の変化と同時に固定板に対する可動板の変位 S を測定して図 6.6 の結果を得ました．この実験結果によれば，衝撃力 P は立ち上がってからごく短時間（1 ms 以下）後にほぼゼロに戻るが，可動板はその後も変位を続け，変位の後期にナット座面下を滑り，約 2.5 ms 後にある変位位置で止まる，ということです．このような衝撃を可動板の左右から交互に繰り返し与え，左右 1 回ずつの衝撃を 1 サイクルとみなします．

賀勢らは，条件を種々に変えて衝撃実験を行い，それぞれの場合について 1 サイクルあたりの緩みを測定しました．その結果，諸条件に対する緩みの傾向は定性的には非衝撃的な軸直角変位の繰り返

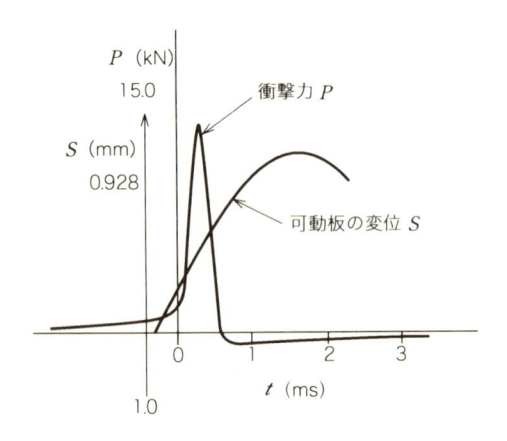

設定軸力：9.81 kN，$E = 1.67$ N·m

図 6.6 軸直角衝撃における衝撃力 P と可動板の変位 S の時間 t に対する変化[22]

しの場合と全く同じですが、非衝撃的変位の場合より緩みやすく、それが進行しやすい、と結論しています。

●軸方向衝撃力の繰り返し

古賀[23]は、直径の大きい上の円筒と直径の小さい下の円筒とを六角ボルト・ナットで貫通締結し、これを図 6.7 に示す実験装置で一定の高さから繰り返し自由落下させ、ボルト軸部に接着したひずみゲージでボルト軸力の変化を測定しました。

上の円筒の下面が台座の上面に衝突したとき発生する圧縮衝撃波がナットの負荷ねじ面に伝ぱし、ボルトの負荷ねじ面がナットねじ面のリード方向に直角に跳び離れ、次いで軸力により軸方向に戻ります。この跳び離れと戻りの経路が違うことが、ボルト軸部の弾性ねじれをひき起こし軸トルクの発生源となります。

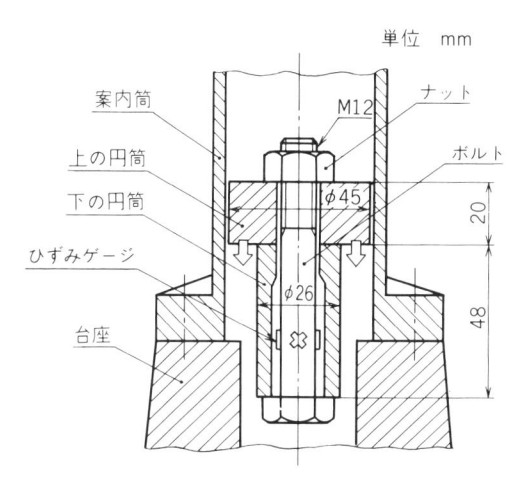

図 6.7 軸方向衝撃による緩み実験装置[23]

一方，上の円筒の下面が台座の上面に衝突したとき，下の円筒は下向きの慣性力をもっているので，瞬間的に上下円筒の接触部が離れます．そのとき下円筒とボルト頭が一体となってボルト軸部の弾性ねじれを解除する方向に回転します．これがこのねじ締結体の緩み回転となります．

古賀は，種々の条件の下に衝撃実験を行い，上記の緩み機構を検証するとともに，各種条件が緩みに及ぼす影響を明らかにしました．その結果，衝撃力の大きさで決まるある値以上の予張力で締め付けることが，衝撃緩みを防止する決め手であると結論しています．

緩み止めと戻り止め

"緩み止め"とは，この章の冒頭で述べた緩みの定義に従えば，予張力の低下を防止する手段であるといえます．これに対し，"戻り止め"とは何でしょうか？

プリベリングトルク形鋼製六角ナット—機械的性質及び性能
(JIS B 1056：2000)

に，プリベリングトルク形ナット（Prevailing torque type nut）とは"固有のプリベリングトルク発生部の効果によって，はまり合っているおねじ上を自由に回転せず，締付け軸力又は圧縮力に依存しないで回転抵抗を備えたナット"と定義されています．

図6.8に示す"ナイロンインサート付きプリベリングトルク形六角ナット"は，プリベリングトルク形ナットの一種です．このナットは，確かに上記の定義にあてはまり，規格に定められた性能を満足しますが，軸直角振動方式ねじ緩み試験を行った結果では，緩み止めのない標準の六角ナットに比べて緩み止め性能はほとんど変わりません．

緩み止めと戻り止め

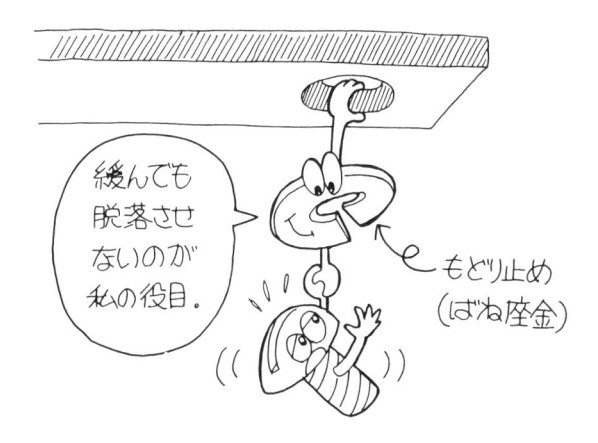

したがって，プリベリングトルク形ナットの役割りを"戻り止め"というならば，それを相手方のねじ部にねじ込んだりねじ戻したりするときのトルクを規制するもので，締付けトルクへの影響や締め付けた状態での緩み止めへの寄与は，対象外のものであるといえます．その効用は，緩んでしまった後にナットが脱落・紛失することを防止することにあるとみなされます．

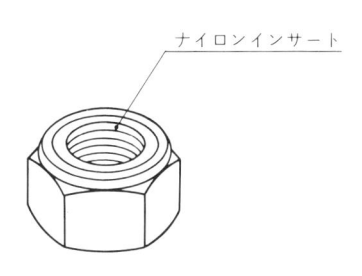

図 6.8　ナイロンインサート付きプリベリングトルク形六角ナット

図 3.12 に示した"ばね座金"は，緩み止めのない標準の六角ナットと併用して軸直角振動方式ねじ緩み試験を行った結果では，標準の六角ナットだけの場合に比べて緩み止め性能はかえって劣ります．ばね座金の効用は，緩んでしまった後に，ばね座金の突っ張り力の作用でナットがボルトねじ部上にとどまっているので，脱落・紛失の防止にあるとみなされます．

図 6.9(a)に示す"等厚形ダブルナット"は，軸直角振動方式ねじ緩み試験を行った結果では，羽交い締めによるロッキング操作を完全に施したものでは，緩み止め性能は極めて優れています．六角(並)ナットと六角低ナット（表 3.5 参照）を"上低下並形"に組み合わせた同図(b)のダブルナットは，上軸力・下ロック力となる荷重分担の点で好ましくありません．同図(c)に示す"上並下低形"の配置が望ましいのですが，低ナットの高さが標準のスパナ厚さより小さい場合は，羽交い締めロッキングの操作に難があります．

"ねじ用嫌気性接着剤"の使用は，軸直角振動方式ねじ緩み試験を行った結果では，緩み止め性能は極めて優れています．ダブルナットのように嵩高とならず，成分の調合によってトルク法による締付けに適した摩擦係数のものが選べますし，微細なカプセルに封入したものをあらかじめねじ部に塗布しておき，締付けの際に接着剤が

(a) 等　厚　形　　　(b) 上低下並形　　　(c) 上並下低形

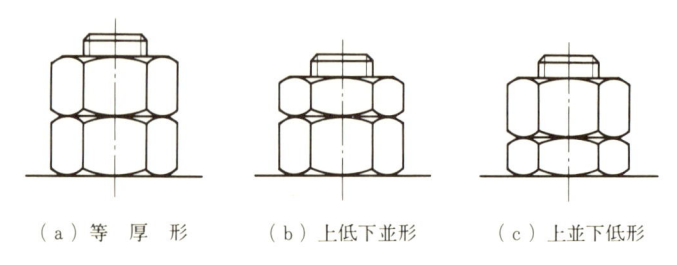

図 6.9　ダブルナット

浸出するようにしたものもあります．ただし，接着剤が実用程度に固まるまで 24 時間程度かかるし，接着剤の再使用ができないので，使用対象によっては好ましくない場合があるかも知れません．

第7章　ねじ設計のポイント

ねじの設計とは，ねじ締結体に作用する外力の方向とその大きさを見積もり，それによって締結機能に異常をきたさないようなねじの呼び及び強度区分を設計の段階で決定することをいいます．

本書では，最も一般的なボルト・ナット締結体において，外力がねじの軸線の方向に作用し，外力が作用しても被締結部材同士が軸方向に離れず，外力が変動してもボルトが疲れ破壊しないことを設計の目標とする場合について述べます．

内　外　力　比

2枚の円板の中心部を貫通して一組のボルト・ナットで締め付けた図7.1(a)に示すようなねじ締結体があって，ボルト軸部にFなる引張力，被締結部材にFなる圧縮力を生じてつり合っているものとします．この状態でのFを予張力といいます．

このねじ締結体に，図7.1(b)に示すようにWなる軸方向外力が作用したとき，ボルト軸部にF_tなる引張力が追加されて$(F+F_t)$なる軸力となり，被締結部材からF_cなる圧縮力が失われて，$(F-F_c)$なる締付力となります．

ボルト・ナット系の引張ばね定数をk_t，被締結部材の圧縮ばね定数をk_cとし，外力の作用により締付け長さ（被締結部材の長さ）l_f

が ε だけ伸びるものとすれば,

$$F_t = k_t \varepsilon \tag{7.1}$$

$$F_c = k_c \varepsilon \tag{7.2}$$

であり,力のつり合い関係から

$$W = (F + F_t) - (F - F_c) = F_t + F_c$$

が成り立つので,これに式(7.1)及び式(7.2)を代入すれば,

$$W = (k_t + k_c)\varepsilon \tag{7.3}$$

又は

$$\varepsilon = W/(k_t + k_c) \tag{7.3'}$$

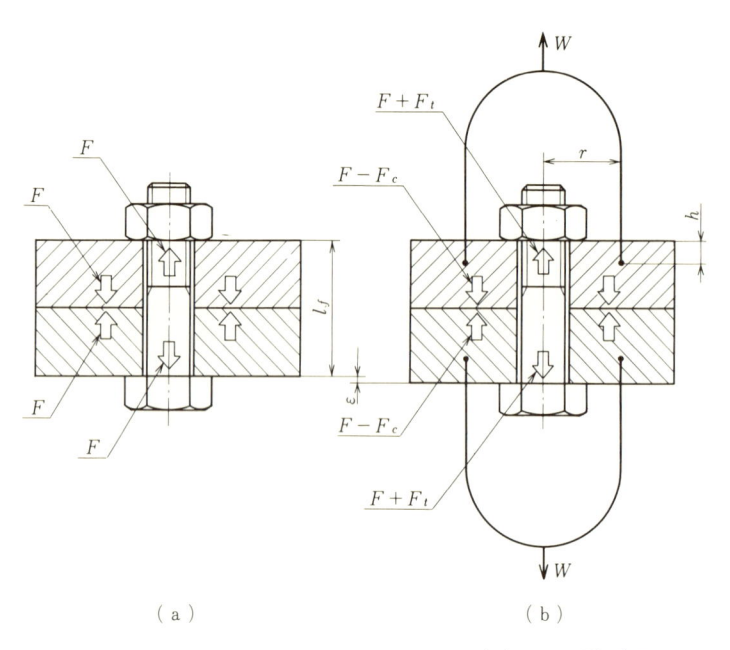

図 7.1 ねじ締結体に作用する外力 W と内力 F, F_t 及び F_c

内外力比

が得られ，この関係を式(7.1)及び式(7.2)に代入することで，

$$F_t = Wk_t/(k_t+k_c) \tag{7.4}$$
$$F_c = Wk_c/(k_t+k_c) \tag{7.5}$$

が得られます．

F_t と W との比を"内外力比"（又は内力係数）といい，ϕ で表すものとすれば，式(7.4)より

$$\phi = F_t/W = k_t/(k_t+k_c) \tag{7.6}$$

となり，式(7.4)及び式(7.5)の関係を ϕ で表せば，

$$F_t = \phi W \tag{7.7}$$
$$F_c = (1-\phi)W \tag{7.8}$$

となります．

k_t, k_c 及び F が与えられて描いた図7.2のような線図を"締付け線図"といいます．$F_t + F_c = W$ なる関係があるので，外力 W が同じでもばね定数 k_t 及び k_c の大小で F_t が大きかったり，F_c が大き

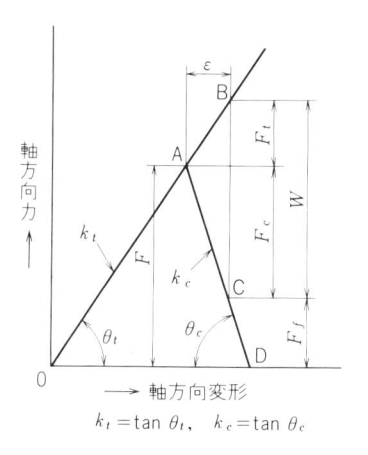

図7.2 締付け線図

細いほど耐久力がありそうだ----!!!

かったりします。一般に、F_c が大きいことによる被締結部材の締付力の減少よりも、F_t が大きいことによるボルトの破壊のほうが危険です。それゆえ、ねじ締結体を設計する際には、W に比べて F_t を小さく、つまり内外力比 ϕ をできるだけ小さくする方針がとられます。

図7.3に示す代表的なねじ締結体 A, B, C 及び D について理論的に求めた内外力比 ϕ の速算図表を図7.4に示します。ねじ締結体 A は、外円筒の直径が $1.6d$ (d はねじの呼び径) 程度の細い中空円筒を"呼び径ボルト"とナットで締結したもので、ϕ の値は 0.4 前後です。被締結部材は同じでもボルト軸部の大部分をおねじの谷の径程度に細くした、いわゆる"伸びボルト"と、ナットで締結したねじ締結体 B は、ϕ の値がほぼ 0.3 で同じ外力 W が作用してもボルト軸部に追加される軸力 F_t の値は小さいのです。内燃機関のコネクティングロッドボルトに伸びボルトがもっぱら使われるゆえんです。

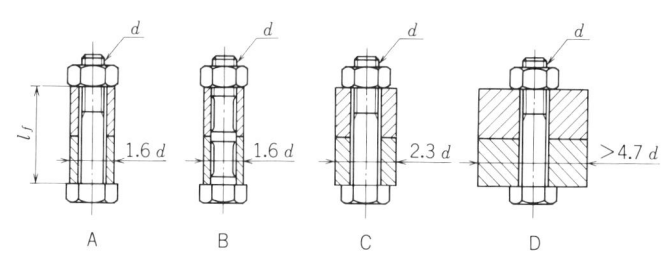

図 7.3 ねじ締結体の 4 形態

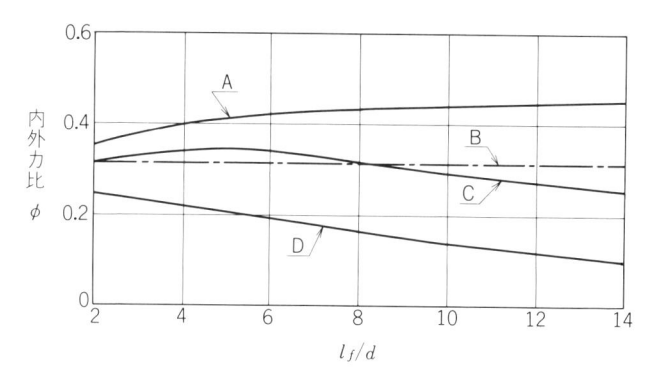

図 7.4 内外力比 ϕ の速算図表（ボルト・ナット，被締結部材とも鋼）[24]

ねじ締結体Cは，外円筒の直径が $2.3\,d$ 程度の太い中空円筒を，ねじ締結体Dは，外側の寸法が $4.7\,d$ 程度以上の平板（円板でなくてもよい）をいずれも"呼び径ボルト"とナットで締結したもので，ϕ の値はCの場合 0.3 前後，Dの場合は 0.2 前後から 0.1 前後と更に小さくなります．

図 7.4 の速算図表で求まる内外力比 ϕ の値は，図 7.1(b) における外力 W の着力点の位置を表す h 及び r がともにゼロの場合のも

ので，現実にはあり得ません．

$h \neq 0$ の場合の ϕ_n は，近似的に

$$\phi_n = n \cdot \phi \tag{7.9}$$

$$n = (l_f - 2h)/l_f \tag{7.10}$$

で求めることができます．$r \neq 0$ の場合の補正方法は明らかでありませんが，ϕ の値は $r = 0$ の場合より小さいので，ボルトの破壊に関する限り安全側にあります．

初 期 緩 み

予張力 F の下にボルト軸部の引張力と被締結部材の圧縮力がつり合っている図 7.1(a) のようなねじ締結体があって，これに変動する外力が作用したとき，ねじ面，ボルト頭の座面，ナットの座面，被締結部材同士の接合面それぞれの負荷接触面における小さな凹凸が"へたる"ことによって，予張力が低下します．この種の予張力

の低下は"初期緩み"といわれ，ある程度時間が経過すれば進行が止まるので，増し締め等の手段で復元することもできますが，もし予測が可能であれば設計の際に考慮することができます．

図 7.5 の締付け線図において，各負荷接触面におけるへたり量の合計を s とし，初期緩みの量を F_s とすれば，

$$s = s_t + s_c$$
$$= F_s \cot \theta_t + F_s \cot \theta_c$$
$$= F_s(1/k_t + 1/k_c)$$

ですから，

$$F_s = [k_t \cdot k_c/(k_t + k_c)]s$$
$$= Z \cdot s \qquad (7.11)$$

となります．ここで，

$$Z = k_t \cdot k_c/(k_t + k_c) \qquad (7.12)$$

とおき，Z のことを"へたり係数"といいます．

へたり係数 Z の速算図表[25]及び各負荷接触面におけるへたり量

$k_t = \tan \theta_t, \quad k_c = \tan \theta_c$

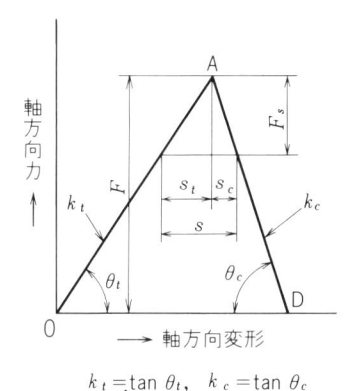

図 7.5 へたり量 s と初期緩み F_s との関係

の合計 s を求める線図[26]を図7.6に示します．この図において，A，B，C及びDは図7.3に示す4形態のねじ締結体に対応します．

図7.6を用いて，ねじ締結体の形態及び (l_f/d) に応じて Z 及び s の値を求め，これらを式(7.11)に代入することによって，このねじ締結体で予想される初期緩み F_s が推定できます．

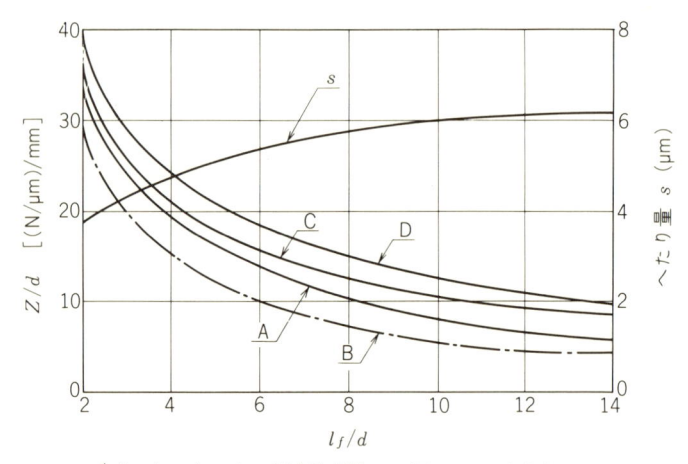

（ボルト・ナット，被締結部材とも鋼，s は各負荷接触面におけるへたり量の合計）

図7.6 へたり係数 Z の速算図表及びへたり量 s を求める線図[25),26]

外力が作用しても被締結部材同士が離れないねじ締結体の設計

外力 W が作用した状態でも，被締結部材同士の間に $0.2\,F_c$ の圧縮力が存在すれば被締結部材同士が離れないものとみなします．こ

の条件からスタートして、ボルトが破損しない条件を求めるための線図を図7.7に示します。

締付けの際発生するボルト軸力のうち、ばらつき範囲の最小値を$F_{\min}$とし、初期緩みが止まって軸力が$F_{\min}-F_s$となった状態が図7.7の点Aであるとすれば、

$$F_{\min}=F_s+F_c+0.2\,F_c \tag{7.13}$$

が成り立ちます。式(7.8)及び式(5.29)より

$$F_c=(1-\phi)W$$

$$F_{\max}=Q\cdot F_{\min}$$

ですから、これら三つの式から$F_{\min}$及びF_cを消去すれば、

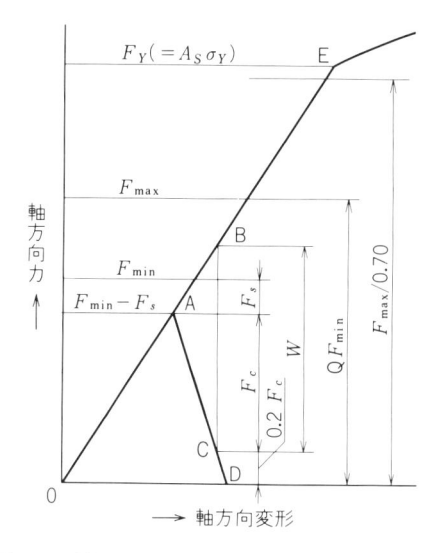

図7.7 被締結部材同士が離れず、ボルトが破損しない条件を求めるための線図

$$F_{\max}=Q[F_s+1.2(1-\phi)W] \tag{7.14}$$

が得られます.

$F_{\max}$ は,締付けの際発生するボルト軸力の最大値であり,この値は式(5.26)を考慮すれば,ボルト軸部の仮想的な破損(降伏又は耐力)荷重の70%に相当します.したがって,

$$F_Y(=A_S\sigma_Y)>F_{\max}/0.70 \tag{7.15}$$

なる条件を満足するようなボルトの有効断面積 A_S 及び破損応力 σ_Y (降伏点又は耐力の規格最小値)の組合せを選べば,外力 W が作用しても被締結部材同士が離れずボルトが破損しないねじ締結体が得られます.参考のため,呼び径 4〜36 mm の範囲のメートル並目ねじと小ねじ類,ボルト及びナット用メートル細目ねじについて,強度区分 4.6, 6.8, 8.8, 10.9 及び 12.9 のものの破損荷重 F_Y の値を表 7.1 に示します.

[設計例] 図 7.3 の C の形態に該当するねじ締結体について,外力 $W=10$ kN が作用しても被締結部材が離れないためには,ねじの呼び d 及び強度区分をいかに選ぶべきでしょうか.ただし,$l_f/d=4$, $Q=1.4$ とします.

[解] 第1ステップとして,初期緩み $F_s=0$ と仮定します.図7.4において,$l_f/d=4$, 形態 C に対して,内外力比 $\phi=0.34$ となります.

式(7.14)によれば,

$$F_{\max}=1.4[0+1.2(1-0.34)\times 10]$$
$$=11.1$$

式(7.15)の右辺は

$$F_{\max}/0.70=11.1/0.70=15.9\ (\mathrm{kN})$$

となりますから,表 7.1 により 15.9 kN の直上の $F_Y=17.6$ kN の

値をもつ強度区分 6.8 で M 8 のねじを仮決定します．すなわち，$d=8$ mm です．

第2ステップに入り，図 7.6 において，$l_f/d=4$，形態 C に対して，へたり係数 $Z=20.2\times 8=162$ N/μm，へたり量 $s=4.7$ μm となります．式(7.11)により，
$$F_s=162\times 4.7=760\text{ N}=0.76\text{ kN}$$
が得られます．

これを式(7.14)の F_s に代入すれば，
$$F_{\max}=1.4[0.76+1.2(1-0.34)\times 10]$$
$$=12.2$$

式(7.15)の右辺は

表 7.1 破損(降伏又は耐力)荷重 F_Y ($=A_S\sigma_Y$)の値

単位 kN

メートル並目ねじ						メートル細目ねじ					
ねじの呼び	強度区分					ねじの呼び	強度区分				
	4.6	6.8	8.8	10.9	12.9		4.6	6.8	8.8	10.9	12.9
M 4	2.1	4.2	5.6	8.3	9.7		—	—	—	—	—
M 5	3.4	6.8	9.1	13.3	15.6						
M 6	4.8	9.6	12.9	18.9	22						
M 8	8.8	17.6	23	34	40	M 8×1	9.4	18.8	24	37	43
M 10	13.9	28	37	55	64	M 10×1.25	14.7	29	39	58	67
M 12	20	40	54	79	93	M 12×1.25	22	44	59	87	101
M 16	38	75	100	148	173	M 16×1.5	40	80	107	157	184
M 20	59	118	162	230	270	M 20×1.5	65	131	180	260	300
M 24	85	169	230	330	390	M 24×1.5	92	184	250	360	420
M 30	135	270	370	530	620	M 30×2	149	300	410	580	680
M 36	196	390	540	770	900	M 36×3	210	420	570	810	950

$F_{max}/0.70 = 12.2/0.70 = 17.4$ (kN)

となりますから,表7.1により17.4 kNの直上の $F_Y = 17.6$ kN の値をもつ強度区分6.8でM8のねじが決定します.すなわち,第1ステップで仮決定したねじと同じという結果になります.

疲れ破壊しないねじの設計

図7.1(b)において,軸方向外力が $0 \sim W$ の範囲で変動するとき,ボルト軸力は $F \sim (F + F_t)$ の範囲で変動します.

公称応力を有効断面積 A_s について表すものとすれば,ボルト軸力の変動の最大値 $\sigma_{t\,max}$ 及び最小値 $\sigma_{t\,min}$ は,

$$\sigma_{t\,max} = (F + F_t)/A_s$$
$$\sigma_{t\,min} = F/A_s$$

となるので,平均応力 σ_m 及び応力振幅 σ_a は,それぞれ

$$\sigma_m = (\sigma_{t\,\max} + \sigma_{t\,\min})/2 = (F + F_t/2)/A_S \tag{7.16}$$

$$\sigma_a = (\sigma_{t\,\max} - \sigma_{t\,\min})/2 = (F_t/2)/A_S \tag{7.17}$$

で表されます．これらの応力関係を図7.8に示します．

　平均応力 σ_m を一定とし，応力振幅 σ_a を少しずつ変えて疲れ試験を行うと，鋼ボルトの場合，応力変動を無限に繰り返しても疲れ破壊しない応力振幅 σ_a の値があることがわかります．その最大の値を"疲れ強さ"といい，σ_{wk} で表します．

　ねじの疲れ試験については，JISに，

　　　ねじ部品―引張疲労試験―試験方法及び結果の評価

(JIS B 1081：1997)

があります．

　機械の設計にあたっては，ねじ締結体を構成するねじ部品を試作し，疲れ試験を行ってそのねじ部品の疲れ強さ σ_{wk} を求めることで，疲れ破壊に対する安全性を確立すべきであると思います．

　しかし，設計の当初に次の方法で疲れ破壊に対する安全性を検討することができます．すなわち，まず疲れ破壊に対する"許容応力" σ_A を

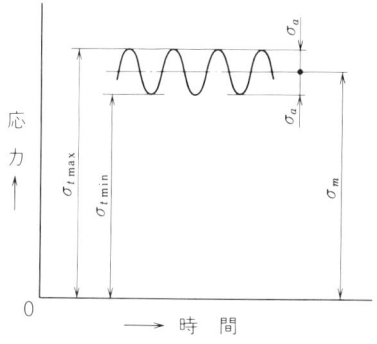

図7.8　平均応力 σ_m と応力振幅 σ_a

7. ねじ設計のポイント

$$\sigma_A = [\zeta/(f_s \cdot f_m)]\sigma_{WK} \tag{7.18}$$

なる式で求めます.

ここで, σ_{WK} は疲れ強さの推定値で, 例えばねじ部を切削又は研削加工した鋼ボルトで, 図7.1(b)のような負荷形式の場合は, 呼び径4〜36 mm の範囲のメートル並目ねじと小ねじ類, ボルト及びナット用メートル細目ねじに対して表7.2の値が利用できます.

ζ は実際に使われるボルトの疲れ強さと σ_{WK} との比で, 例えばねじ部を転造加工したボルトを使う場合は, 焼きならした中炭素鋼を転造加工したものでは $\zeta=1.6〜1.9$, 合金鋼を焼入れ焼戻し後転造加工したものでは $\zeta=1.8〜1.9$ の値をとります. ただし, 転造加工

表7.2 疲れ強さの推定値 σ_{WK} [27)]

単位 N/mm²

メートル並目ねじ						メートル細目ねじ					
ねじの呼び	強度区分					ねじの呼び	強度区分				
	4.6	6.8	8.8	10.9	12.9		4.6	6.8	8.8	10.9	12.9
M 4	78	81	87	76	110	—	—	—	—	—	—
M 5	72	73	77	66	96						
M 6	68	69	73	62	89						
M 8	62	62	63	74	76	M 8×1	63	74	63	75	77
M 10	54	52	53	63	64	M 10×1.25	56	55	56	65	66
M 12	51	48	48	56	58	M 12×1.25	56	53	54	63	65
M 16	47	44	43	50	51	M 16×1.5	51	48	48	56	57
M 20	42	40	39	45	46	M 20×1.5	50	47	47	54	56
M 24	40	36	35	41	41	M 24×1.5	46	43	42	50	50
M 30	37	35	39	39	39	M 30×2	46	44	50	50	51
M 36	37	33	38	38	38	M 36×3	41	38	43	43	44

備考 表の値は, 有効断面積 A_s に基づく公称応力である.

疲れ破壊しないねじの設計　　　103

後焼入れ焼戻ししたものでは $\zeta=1.0$ となります．

f_s は F_t 値の推定の不確実さに対する安全率で，内外力比が安全側に（大きめに）見積もられている場合は，$f_s=1.0$ とみなします．F_t の値を実物について測定した場合は，測定精度を考慮して $f_s=1.1$ とします．

f_m は σ_{WK} 値の推定の不確実さに対する安全率で，表7.2の σ_{WK} 値を用いる場合は，$f_m=1.5$（信頼度95%）〜2.0（信頼度99%）程度の値[28]をとります．

式(7.17)による σ_a の値と，式(7.18)による σ_A の値が

$$\sigma_a \leqq \sigma_A \qquad (7.19)$$

の関係を満足していれば，疲れ破壊しないといえます．

[設計例]　図7.9に示すコネクティングロッドボルトにおいて，軸方向に作用する外力がボルト1本あたり $W=10\,\mathrm{kN}$ で，0〜W

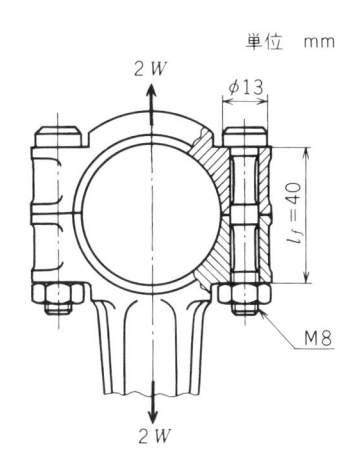

図7.9　コネクティングロッドボルト

の範囲で変動するものとします．ボルトの強度区分は10.9で，ねじの呼びはM 8，ねじ部は転造加工後焼入れ焼戻し，伸びボルトで，締付け長さ $l_f=40$ mm，被締結部の外径は13 mmとします．疲れ破壊に対する安全性を検討しなさい．

　[**解**]　被締結部外径 $=(13/8)d=1.6\,d$ で，伸びボルトであるから，図7.3における形態Bのねじ締結体であるとみなされます．$l_f/d=40/8=5$ であるから，図7.4の速算図表により，内外力比 $\phi=0.31$ が得られます．外力の着力点が締付け長さ内にあり，式(7.10)の $n=3/4$ とみなされるので，補正された内力係数 $\phi_n=(3/4)\times 0.31=0.23$ となります．

　式(7.7)により，外力 W が作用したときボルト軸力に追加される引張力 $F_t=\phi_n W=0.23\times 10=2.3$ kN，表4.2によりM 8のねじの有効断面積 $A_s=36.6$ mm² であるから，式(7.17)により，応力振幅 $\sigma_a=(F_t/2)A_s=(2.3/2)/36.6=0.031$ kN/mm²$=31$ N/mm² となります．

　式(7.18)において，$\zeta=1.0$, $f_s=1.0$, $f_m=2.0$, 表7.2より $\sigma_{WK}=74$ N/mm² ですから，$\sigma_A=[1.0/(1.0\times 2.0)]\times 74=37$ N/mm² となります．

$$\sigma_a(=31\text{ N/mm}^2)<\sigma_A(=37\text{ N/mm}^2)$$

ですから，式(7.19)の関係を満足しています．よって，このコネクティングロッドボルトは疲れ破壊しないといえます．

量 記 号 一 覧

A_s：有効断面積
C：斜面上の制御力
d：おねじの外径，呼び径
d_2：おねじ有効径の基準寸法
d_3：有効断面積の算出に用いるおねじの谷の径
d_p：おねじの有効径
d_s：有効断面円筒の直径
d_w：座面接触部の平均直径
F：斜面上の荷物の重さ，ボルト軸力，予張力
F_{max}：締付け軸力の最大値
F_{mean}：締付け軸力の平均値
F_{min}：締付け軸力の最小値
F_c：外力の作用で被締結部材から失われる圧縮力
F_s：初期緩み
F_t：外力の作用でボルト軸部に追加される引張力
F_Y：破損荷重
f_m：疲れ強さの推定値の不確実さに対する安全率
f_s：ボルト軸部に追加される引張力の推定の不確実さに対する安全率
K：トルク係数
k_c：被締結部材の圧縮ばね定数
k_t：ボルト・ナット系の引張ばね定数
l_f：締付け長さ
M：斜面上の摩擦力
n：着力点の軸方向位置の違いによる内外力比の補正係数
P：ピッチ，軸直角衝撃力
Q：締付け係数
R：斜面上の反力
s：へたり量

T_f：締付けトルク
T_{mean}：トルクレンチ用トルクの指示目標値
T_s：軸トルク
T_s'：締付けトルク解除後の軸トルク
U：斜面上で荷物を水平に押す力
W：外力
Z：へたり係数
α：荷物の進行方向を含む鉛直面に直角な鉛直面における斜面の角度，ねじ山の半角
α'：荷物の進行方向及び斜面に直角な断面における斜面の角度，リード方向に直角な断面におけるねじ山の半角
β：荷物の進行方向を含む鉛直面における斜面の角度，リード角
ε：外力の作用で生じる締付け長さの伸び
ζ：疲れ強さの推定値に対する補正係数
θ_b：ナットに対するボルトねじ部のねじれ回転角
θ_n：ナットの緩み回転角
λ：軸トルク残留率
μ：摩擦係数
μ_s：ねじ面における摩擦係数
μ_w：座面における摩擦係数
ρ：摩擦角
ρ'：相当摩擦角
σ：有効断面円筒における引張応力
σ_A：疲れ破壊に対する許容応力
σ_a：応力振幅
σ_m：平均応力
σ_{max}：締付け応力の最大値
σ_{mean}：締付け応力の平均値
σ_{min}：締付け応力の最小値
$\sigma_{t\,max}$：変動応力の最大値
$\sigma_{t\,min}$：変動応力の最小値

- σ_v：相当応力
- σ_{WK}：疲れ強さの推定値
- σ_{wk}：疲れ強さ
- σ_Y：破損応力
- τ：有効円筒表面におけるせん断応力
- ϕ：内外力比
- ϕ_n：着力点の軸方向位置の違いによる補正をした内外力比

引 用 文 献

[第2章]
1) A. F. Burstall(1963)：A History of Mechanical Engineering, p. 79, Faber and Faber, London
2) 奥村正二(1970)：火縄銃から黒船まで―江戸時代技術史―，岩波新書750, p. 129, 岩波書店
3) 1)と同じ，p. 94
4) Ch. シンガー著，伊東俊太郎・木村陽二郎・平田寛訳(1968)：科学思想のあゆみ，p. 205, 岩波書店
5) F. M. フェルトハウス著，山崎俊雄・国分義司訳(1974)：技術者・発明家レオナルド・ダ・ヴィンチ，p. 176, 岩崎美術社
6) 1)と同じ，p. 156
7) 井筒正夫(1983)：図説江戸時代のねじ，日本ねじ研究協会誌，Vol. 14, No. 12, p. 372
8) 日本ねじ工業協会・火縄銃ねじ類調査特別委員会(1982)：日本におけるねじのはじまり―火縄銃ねじ類調査特別委員会報告―，p. 18, (社)日本ねじ工業協会
9) 8)と同じ，p. 18
10) 8)と同じ，p. 122
11) ラディスラオ・レテイ編，小野健一他訳(1975)：知られざるレオナルド，p. 278, 岩波書店
12) 1)と同じ，p. 153
13) K. R. Gilbert(1966)：MACHINE TOOLS―Catalogue of the Science Museum Collection―, 写真番号10, Her Majesty's Stationery Office London
14) 宮崎正吉(1982)：工作機械を創った人々，p. 29, (株)三豊製作所・三豊商事(株)

[第5章]
15) 林一夫他(1987)：ねじ締結体の残留ねじり変形と残留トルク，日本

機械学会論文集，C編，Vol. 53, No. 489, p. 1096
16) G. Junker, D. Blume(1964)：Neue Wege einer Systematischen Schraubenberechnung, Draht-Welt, Vol. 50, No. 8, 10, 12, p. 527, 663, 797

[第6章]
17) 酒井智次(1977)：連接棒キャップボルトのゆるみ特性の研究，日本機械学会論文集，Vol. 43, No. 368, p. 1454
18) 日本ねじ研究協会出版委員会編(1985)：ねじ締結ガイドブック―締結編―, p. 67, 日本ねじ研究協会
19) 山本晃・賀勢晋司(1977)：軸直角振動によるねじのゆるみに関する研究―ゆるみの解明―, 精密機械，Vol. 43, No. 4, p. 470
20) J. R. Goodier, R. J. Sweeny(1945)：Loosening by Vibration of Threaded Fastenings, Mechanical Engineering, Vol. 67, No. 12, p. 798
21) 佐藤進・細川修二・津村利光・山本晃(1981)：軸方向荷重の増減によるボルト・ナットのゆるみについて，神奈川大学工学部報告，No. 19, p. 31
22) 賀勢晋司・小栗秀夫(1983)：軸直角衝撃に伴うねじのゆるみ挙動(その特徴と考察)，昭和58年度精機学会春期大会学術講演会論文集，p. 475
23) 古賀一夫(1969)：衝撃によるねじのゆるみに関する研究，日本機械学会論文集，Vol. 38, No. 273, p. 1104

[第7章]
24) 日本ねじ研究協会出版委員会編(1986)：ねじ締結ガイドブック―設計編―, p. 61, 日本ねじ研究協会
25) 24)と同じ，p. 60
26) 24)と同じ，p. 57
27) 北郷薫(1986)：JISに基づく機械システム設計便覧，p. 395, 日本規格協会
28) 山本晃(1970)：ねじ締結の理論と計算，p. 112, 養賢堂

索　引

あ　行

ISA　30
　　——メートルねじ　30
ISO　32
　　——インチねじ　31
　　——メートルねじ　32
アメリカねじ　30
アルキメデスの揚水ポンプ　20
安全率(ねじの)　103
ウイットウォースねじ　29,30
植込みボルト　41
SIねじ　30
SFねじ　30
送りねじ　17
親ねじ　17

か　行

外径(ねじの)　11
回転角法締付け　60
角座金　46
陥没緩み　74
強度区谷(ステンレス鋼製ねじ部品の)　56
強度区分(止めねじの)　54
強度区分(ナットの)　52
強度区分(ボルト・小ねじの)　49
許容応力(疲れに対する)　101
グーテンベルクの印刷機　21
管用テーパねじ　13
管用平行ねじ　13
高温加熱による緩み　75
工業標準調査会(JISC)　32
公差域クラス　15
鋼種区分(ステンレス鋼製ねじ部品の)　56
鋼製止めねじの強度　54
鋼製ナットの機械的性質　52
鋼製ボルト，ねじ及び植込みボルト　49
小形丸(座金)　46
小形六角ナット　44
小形六角ボルト　40
互換性(ねじの)　28
国際標準化機構　32
コネクティングロッドボルト　103
小ねじ　34
　　——類　34

さ　行

座金　45
座付き(ナット)　43
皿小ねじ　34
3号(ばね座金)　47
四角止めねじ　36
軸直角衝撃による緩み　82
軸直角変位による緩み　78
軸トルク　63
　　——残留率　68

軸方向荷重の増減による緩み　80
軸方向衝撃による緩み　83
軸回り回転による緩み　77
　　――の判定線図　77
実保証荷重(ナットの)　52
締付け応力の最小値　70
締付け応力の最大値　67
締付け応力の平均値　70
締付け係数　69
　　――の値　70
締付け軸力の平均値　71
締付け線図　91
締付けトルク　63
締付け長さ　89
締付力　73
ジャック・ベッソンのねじ切り旋盤　26
斜面の原理　60
十字穴付き小ねじ　34
十字穴付きタッピンねじ　37
手動式トルクレンチ　71
初期緩み　95
スクリューコンベヤ　18
ステンレス鋼製ねじ部品の強度　55
すりわり付き小ねじ　34
すりわり付きタッピンねじ　37
すりわり付き止めねじ　36
制御力　63
接触部の小さな凹凸のへたりによる緩み　73
セラースねじ　30
全ねじボルト　40

相当摩擦角　62

た　行

ターンバックル　18
耐力(ボルト・小ねじの)　51
耐食ステンレス鋼製締結用部品の機械的性質　55
多条ねじ　10
竜樋　21
タッピンねじ　37
　　――のねじ部の形状・寸法　37
ダブルナット　86
炭素鋼及び合金鋼製締結用部品の機械的性質　49,54
チーズ小ねじ　34
疲れ強さ(ねじの)　101
疲れ強さの推定値　102
締結用ねじ　16
テーパねじ　9
特殊ねじ　20
止めねじ　35
トルク係数　65
トルクこう配法締付け　60
トルクの指示目標値　71
トルク法締付け　60
トルクレンチ用トルクの指示目標値　72

な　行

内外力比　91
　　――の速算図表　92
内力係数　91
ナット　42

なべ小ねじ　34
並丸(座金)　46
2号(ばね座金)　47
日本工業規格(JIS)　32
ねじ　9
　——基本　9
　——の基本規格　12
　——の緩み　73
　——付属品　33
　——部品　9,33
　　——部品の公差方式　33
　　——部品用材料　57
　　——ポンプ　18
　　——用嫌気性接着剤　86
伸びボルト　92

は 行

破損応力　66
破損荷重の値　99
ばね座金　47,86
万国規格統一協会　30
反力　60
左ねじ　10
ピッチ(ねじの)　11
引張力を受けない止めねじ及び類似のねじ部品　54
微動摩耗による緩み　75
火縄銃のねじ　24
標準化(ねじの)　30
平座金　45
部品等級　33
フランジ付き六角ナット　44
プリベリングトルク形鋼製六角ナット　84
プレス(ねじ)　17
平行ねじ　9
へたり係数　95
　——の速算図表　95
へたりによる緩み　75
へたり量を求める線図　96
ヘンリー・モーズレイのねじ切り旋盤　26
保証荷重(ボルト・小ねじの)　51
ボルト軸力　73

ま 行

摩擦角　60
摩擦係数　60
摩擦トルク　64
摩擦力　60
丸座金　46
丸皿小ねじ　34
みがき丸(座金)　46
右ねじ　10
メートル台形ねじ　13
メートル並目ねじ　13
　——の許容限界寸法及び公差　13
メートル細目ねじ　13
　——の許容限界寸法及び公差　13
面取りなし(ナット)　43
戻り止め　84

や 行

有効径　39

――ボルト　39
有効断面積　51
ユニファイねじ　30
緩み止め　84
予張力　73
呼び径(ねじの)　11
呼び径ボルト　39, 93

ら 行

リード角　64
両面取り(ナット)　43
レオナルド・ダ・ヴィンチのタップ・ダイス　22
レオナルド・ダ・ヴィンチのねじ切り旋盤　26

六角穴付き止めねじ　36
六角穴付きボルト　40
六角タッピンねじ　37
六角低ナット　42
六角ナット　42
　――・スタイル1　42
　――・スタイル2　42
六角棒スパナ　40
六角ボルト　38

わ 行

蕨手　24

山本　　晃
やまもと　あきら

　1917 年　高知市で生まれる
　1939 年　東京工業大学機械工学科卒業
　1957 年　工学博士（東京工業大学）
　1958 年　東京工業大学教授
　1977 年　東京工業大学を定年退職，東京工業大学名誉教授
　同　年　東京電機大学教授
　1987 年　東京電機大学を定年退職
　1996 年　東京電機大学名誉教授
　2007 年　逝去

著　書
・ねじ工作法，誠文堂新光社，1959
・ねじ便覧，日刊工業新聞社，1966，[編集委員長，ねじ概論，ねじの基本規格，執筆分担]
・ねじ締結の理論と計算，養賢堂，1970
・機械実用便覧（改訂第 5 版），日本機械学会，1981，[第 5 章：ねじ，ねじ部品および関連規格，執筆分担]
・JIS に基づく機械システム設計便覧，日本規格協会，1986，[8 章：ねじ継手の設計，執筆分担]
・機械工学便覧（新版），日本機械学会，1987，[Ｂ１：ねじ，執筆分担]
・ねじ締結の原理と設計（訂正第 2 版），養賢堂，2000，その他

イラスト／服部　宏行　富士ゼロックス㈱

ねじのおはなし　改訂版

1990 年 10 月 30 日	第 1 版第 1 刷発行
2002 年 4 月 30 日	第 15 刷発行
2003 年 4 月 10 日	改訂版第 1 刷発行
2022 年 4 月 8 日	第 17 刷発行

著　者　山　本　　　晃
発行者　朝　日　　　弘
発行所　一般財団法人　日本規格協会

権利者との協定により検印省略

〒108-0073　東京都港区三田3丁目13-12 三田MTビル
https://www.jsa.or.jp/
振替　00160-2-195146

製　作　日本規格協会ソリューションズ株式会社
印刷所　三美印刷株式会社

Ⓒ Akira Yamamoto, 2003　　　　　　　　　Printed in Japan
ISBN978-4-542-90265-7

●当会発行図書，海外規格のお求めは，下記をご利用ください．
　JSA Webdesk（オンライン注文）：https://webdesk.jsa.or.jp/
　電話：050-1742-6256　　E-mail：csd@jsa.or.jp

おはなし科学・技術シリーズ

単位のおはなし 改訂版
小泉袈裟勝・山本 弘 共著
定価 1,320 円(本体 1,200 円+税 10%)

続・単位のおはなし 改訂版
小泉袈裟勝・山本 弘 共著
定価 1,320 円(本体 1,200 円+税 10%)

はかる道具のおはなし
小泉袈裟勝 著
定価 1,320 円(本体 1,200 円+税 10%)

強さのおはなし
森口繁一 著
定価 1,650 円(本体 1,500 円+税 10%)

摩擦のおはなし
田中久一郎 著
定価 1,540 円(本体 1,400 円+税 10%)

力学のおはなし
酒井高男 著
定価 1,540 円(本体 1,400 円+税 10%)

衝撃波のおはなし
高山和喜 著
定価 1,281 円(本体 1,165 円+税 10%)

顕微鏡のおはなし
朝倉健太郎 著
定価 1,601 円(本体 1,456 円+税 10%)

真空のおはなし
飯島徹穂 著
定価 1,100 円(本体 1,000 円+税 10%)

レーザ光のおはなし
飯島徹穂 著
定価 1,540 円(本体 1,400 円+税 10%)

機械製図のおはなし 改訂2版
中里為成 著
定価 1,980 円(本体 1,800 円+税 10%)

テクニカルイラストレーションのおはなし
三村康雄 他共著
定価 1,540 円(本体 1,400 円+税 10%)

自動制御のおはなし
松山 裕 著
定価 1,430 円(本体 1,300 円+税 10%)

油圧と空気圧のおはなし 改訂版
辻 茂 著
定価 1,430 円(本体 1,300 円+税 10%)

タイヤのおはなし 改訂版
渡邉徹郎 著
定価 1,540 円(本体 1,400 円+税 10%)

ベアリングのおはなし
綿林英一・田原久祺 著
定価 1,760 円(本体 1,600 円+10%)

歯車のおはなし 改訂版
中里為成 著
定価 1,540 円(本体 1,400 円+税 10%)

チェーンのおはなし
中込昌孝 著
定価 1,540 円(本体 1,400 円+税 10%)

日本規格協会　https://webdesk.jsa.or.jp/

おはなし科学・技術シリーズ

ナノ材料のリスク評価のおはなし
篠原直秀 著
定価 1,980 円(本体 1,800 円+税 10%)

バーコードのおはなし
流通システム開発センター 編
定価 1,388 円(本体 1,262 円+税 10%)

印刷のおはなし 改訂版
大日本印刷株式会社 編
定価 1,650 円(本体 1,500 円+税 10%)

エコセメントのおはなし
大住眞雄 著
定価 1,100 円(本体 1,000 円+税 10%)

コンクリートのおはなし 改訂版
吉兼 亨 著
定価 1,650 円(本体 1,500 円+税 10%)

生分解性プラスチックのおはなし
土肥義治 著
定価 1,494 円(本体 1,359 円+税 10%)

ファインセラミックスのおはなし
奥田 博 著
定価 1,078 円(本体 980 円+税 10%)

塗料のおはなし
植木憲二 著
定価 1,430 円(本体 1,300 円+税 10%)

接着のおはなし 改訂版
永田宏二 著
定価 1,540 円(本体 1,400 円+税 10%)

液晶のおはなし
竹添秀男 著
定価 1,650 円(本体 1,500 円+税 10%)

半導体のおはなし
西澤潤一 著
定価 1,281 円(本体 1,165 円+税 10%)

不織布のおはなし
朝倉健太郎・田渕正大 共著
定価 1,760 円(本体 1,600 円+10%)

複合材料のおはなし 改訂版
小野昌孝・小川弘正 共著
定価 1,650 円(本体 1,500 円+税 10%)

ニューガラスのおはなし
作花済夫 著
定価 1,281 円(本体 1,165 円+税 10%)

分離膜のおはなし
大矢晴彦 著
定価 1,388 円(本体 1,262 円+税 10%)

ゴムのおはなし
小松公栄 著
定価 1,494 円(本体 1,359 円+税 10%)

繊維のおはなし
上野和義・朝倉 守・岩崎謙次 共著
定価 1,650 円(本体 1,500 円+税 10%)

紙のおはなし 改訂版
原 啓志 著
定価 1,540 円(本体 1,400 円+税 10%)

日本規格協会　　https://webdesk.jsa.or.jp/

おはなし科学・技術シリーズ

おはなし新 QC 七つ道具
納屋嘉信 編
新 QC 七つ道具執筆グループ 著
定価 1,540 円（本体 1,400 円＋税 10%）

おはなし生産管理
野口博司 著
定価 1,430 円（本体 1,300 円＋税 10%）

多種少量生産のおはなし
千早格郎 著
定価 1,100 円（本体 1,000 円＋税 10%）

おはなし新商品開発
圓川隆夫・入倉則夫・鷲谷和彦 共編著
定価 1,870 円（本体 1,700 円＋税 10%）

おはなし経済性分析
伏見多美雄 著
定価 1,540 円（本体 1,400 円＋税 10%）

おはなしデザインレビュー 改訂版
菅野文友・山田雄愛 編
定価 1,320 円（本体 1,200 円＋税 10%）

おはなし統計的方法
永田 靖 著著
稲葉太一・今 嗣雄・葛谷和義・山田 秀 著
定価 1,650 円（本体 1,500 円＋税 10%）

おはなし信頼性 改訂版
斉藤善三郎 著
定価 1,320 円（本体 1,200 円＋税 10%）

エントロピーのおはなし
青柳忠克 著
定価 1,708 円（本体 1,553 円＋税 10%）

おはなし品質工学 改訂版
矢野 宏 著
定価 1,980 円（本体 1,800 円＋税 10%）

おはなし MT システム
鴨下隆志・矢野耕也・高田 圭・高橋和仁 共著
定価 1,540 円（本体 1,400 円＋税 10%）

誤差のおはなし
矢野 宏 著
定価 1,650 円（本体 1,500 円＋税 10%）

安全とリスクのおはなし
向殿政男 監修／中嶋洋介 著
定価 1,540 円（本体 1,400 円＋税 10%）

PL のおはなし
（株）住友海上リスク総合研究所
大川俊夫 著
定価 1,281 円（本体 1,165 円＋税 10%）

CALS のおはなし
加藤廣 著
定価 1,430 円（本体 1,300 円＋税 10%）

オブジェクト指向のおはなし
土居範久 編
定価 1,922 円（本体 1,748 円＋税 10%）

暗号のおはなし 改訂版
今井秀樹 著
定価 1,650 円（本体 1,500 円＋税 10%））

バイオメトリクスのおはなし
小松尚久・内田 薫・池野修一・坂野 鋭 共著
定価 1,650 円（本体 1,500 円＋税 10%）

日本規格協会　　https://webdesk.jsa.or.jp/

おはなし科学・技術シリーズ

鋼のおはなし
大和久重雄 著
定価 1,078 円（本体 980 円＋税 10%）

銅のおはなし
仲田進一 著
定価 1,540 円（本体 1,400 円＋税 10%）

アルミニウムのおはなし
小林藤次郎 著
定価 1,540 円（本体 1,400 円＋税 10%）

ステンレスのおはなし
大山 正・森田 茂・吉武進也 共著
定価 1,388 円（本体 1,262 円＋税 10%）

チタンのおはなし　改訂版
鈴木敏之・森口康夫 共著
定価 1,760 円（本体 1,600 円＋税 10%）

耐熱合金のおはなし
田中良平 著
定価 1,281 円（本体 1,165 円＋税 10%）

形状記憶合金のおはなし
根岸朗 著
定価 1,281 円（本体 1,165 円＋税 10%）

アモルファス金属のおはなし　改訂版
増本 健 著
定価 1,210 円（本体 1,100 円＋税 10%）

金属のおはなし
大澤 直 著
定価 1,540 円（本体 1,400 円＋税 10%）

金属疲労のおはなし
西島 敏 著
定価 1,650 円（本体 1,500 円＋税 10%）

水素吸蔵合金のおはなし　改訂版
大西敬三 著
定価 1,430 円（本体 1,300 円＋税 10%）

鋳物のおはなし
加山延太郎 著
定価 1,540 円（本体 1,400 円＋税 10%）

刃物のおはなし
尾上卓生・矢野 宏 共著
定価 1,980 円（本体 1,800 円＋税 10%）

さびのおはなし　増補版
増子 昇 著
定価 1,430 円（本体 1,300 円＋税 10%）

溶接のおはなし
手塚敬三 著
定価 1,078 円（本体 980 円＋税 10%）

熱処理のおはなし
大和久重雄 著／村井 鈍 絵
定価 1,320 円（本体 1,200 円＋税 10%）

非破壊検査のおはなし
加藤光昭 著
定価 1,494 円（本体 1,359 円＋税 10%）

材料評価のおはなし
福田勝己 著
定価 1,760 円（本体 1,600 円＋10%）

日本規格協会　　https://webdesk.jsa.or.jp/